爱心家肴 越吃越有味
AixinJiayao

一学就会的
健康素食

主编○张云甫　　　　　编写○张云甫　瑞雅

U0219243

青岛出版社
QINGDAO PUBLISHING HOUSE

用爱做好菜 用心烹佳肴

不忘初心，继续前行。

将时间拨回到 2002 年，青岛出版社"爱心家肴"品牌悄然面世。

在编辑团队的精心打造下，一套采用铜版纸、四色彩印、内容丰富实用的美食书被推向了市场。宛如一枚石子投入了平静的湖面，从一开始激起层层涟漪，到"蝴蝶效应"般兴起惊天骇浪，青岛出版社在美食出版领域的"江湖地位"迅速确立。随着现象级畅销书《新编家常菜谱》在全国摧枯拉朽般热销，青版图书引领美食出版全面进入彩色印刷时代。

市场的积极反馈让我们备受鼓舞，让我们也更加坚定了贴近读者、做读者最想要的美食图书的信念。为读者奉献兼具实用性、欣赏性的图书，成为我们不懈的追求。

时间来到 2017 年，"爱心家肴"品牌迎来了第十五个年头，"爱心家肴"的内涵和外延也在时光的砥砺中，愈加成熟，愈加壮大。

一方面，"爱心家肴"系列保持着一如既往的高品质；另一方面，在内容、版式上也越来越"接地气"。在内容上，更加注重健康实用；在版式上，努力做到时尚大方；在图片上，要求精益求精；在表述上，更倾向于分步详解、化繁为简，让读者快速上手、步步进阶，缩短您与幸福的距离。

2017 年，凝结着我们更多期盼与梦想的"爱心家肴"新鲜出炉了，希望能给您的生活带来温暖和幸福。

2017 版的"爱心家肴"系列，共 20 个品种，分为"好吃易做家常菜""美味新生活""越吃越有味"三个小单元。按菜式、食材等不同维度进行归类，收录的菜品款款色香味俱全，让人有马上动手试一试的冲动。各种烹饪技法一应俱全，能满足全家人对各种口味的需求。

书中绝大部分菜品都配有 3~12 张步骤图演示，便于您一步一步动手实践。另外，部分菜品配有精致的二维码视频，真正做到好吃不难做。通过这些图文并茂的佳肴，我们想传递一种理念，那就是自己做的美味吃起来更放心，在家里吃到的菜肴让人感觉更温馨。

爱心家肴，用爱做好菜，用心烹佳肴。

由于时间仓促，书中难免存在错讹之处，还请广大读者批评指正。

美食生活工作室

2017 年 12 月于青岛

目录
CONTENTS

第一章 素食
原料处理与烹制

第二章
凉菜
清口又提神

第三章
热菜
全家都爱吃

目录
Contents

第四章
汤煲
营养又美味

本书经典菜肴的视频二维码

爽口果醋藕片
（图文见 19 页）

开胃炝拌双丝
（图文见 29 页）

香辣海带丝
（图文见 109 页）

第一章

素食原料处理与烹制

　　在素食原料的处理过程中，掌握一些小窍门或小技巧往往能起到事半功倍的效果，不仅提高效率，减少时间，还能使烹制出来的素食更加安全、美味。

1. 素食原料处理

妙法巧除蔬菜残留农药

方法❶：储存。蔬菜中残留的农药会随着时间的推移，缓慢地分解掉。对一些易于保存的蔬菜，可以通过存放一定时间来减少农药的残留量（图1）。这种方法适用于南瓜、冬瓜等不易腐烂的蔬菜，一般存放10~15天效果较好。

方法❷：碱水浸泡。在500毫升清水中加入5~10克食用碱搅匀（图2），将初步冲洗过的蔬菜放入碱水中浸泡5~10分钟后用清水冲洗干净，重复洗涤3次左右效果较好。

方法❸：清水浸泡。这种方法主要适用于生菜、菠菜、小白菜等叶类蔬菜，一般先用水冲洗掉蔬菜表面的污物，然后用清水浸泡10分钟。也可在浸泡时加入果蔬清洗剂，以加速农药的溶出（图3）。这样清洗、浸泡2~3次，基本上可清除残留的农药。

方法❹：去皮。黄瓜、茄子、胡萝卜、西红柿等带皮的蔬菜，可以用刀削去外皮（图4），只食用肉质部分，既可口又安全。

方法❺：加热。常用于芹菜、圆白菜、青椒、豆角等蔬菜。先用清水将蔬菜表面的污物洗净，放入沸水中焯2~5分钟（图5），捞出，用清水冲洗1~2遍后即可烹调。

如何把握切菜的时机

蔬菜烹调前应洗完后再切，如果切好菜再清洗，蔬菜表层的农药、细菌会污染菜内部，并且在洗泡的过程中会损失部分维生素。比如处理豆角，应洗净后再择净边筋。否则豆角的肉质与空气接触，部分维生素会被氧化。所以蔬菜不要切得太早，宜现炒现切，并且不要切得太碎、太细。这样能最大限度地保留蔬菜中的营养。

巧去西红柿皮

西红柿洗净，在蒂部用刀划个"十"字；锅置火上，加适量清水烧沸，放入西红柿焯烫30秒，置于冷水中浸凉，再剥就比较容易了。

巧洗菜花（西蓝花）不藏虫

摘去菜花边缘的绿叶子，削去老根，在拧开的水龙头下用软毛刷将菜花表面的污物洗刷干净。将菜花完全浸没入淡盐水中泡10分钟，再倒着拿在手上，用流动的水冲洗花柄的缝隙处即可。

妙法处理山药不手痒

方法❶：山药去皮前将其先放到火上烤一烤，使其表面受热，黏液凝固，再削皮时就不会手痒了（图1）。

方法❷：削山药皮前在手上抹一点醋，削完山药皮后用醋把手搓一搓，再用清水冲洗，即使粘上山药的黏液，手也不会感觉发痒（图2）。

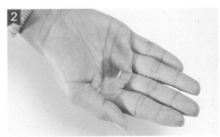

巧去藕皮

把藕放在水中，用钢丝球擦洗，很容易就能将藕皮去掉，而且还去得又快又好！注意要选质量好的钢丝球，否则擦出的藕会变黑。

妙法清洗鲜香菇

香菇的"鳃页"容易藏匿沙粒和杂质，不易清洗，下面教你几个简单清洗香菇的好方法：

方法❶：香菇择洗干净后放入盐水中浸泡3~5分钟，然后捞入带网眼的盆中，用流动的清水冲洗干净即可。

方法❷：香菇择洗干净，放入清水中浸泡3~5分钟，用手在浸泡香菇的水中朝同一方向旋搅2~3分钟，捞出香菇，用流动的清水冲洗干净即可。

妙法自制豆腐

将黄豆与水以1∶6的比例搅打成豆浆，煮熟，晾至85~90℃，均匀地淋入白醋，并慢慢地搅拌（2~3分钟内点2~3次白醋），点至豆浆稍微凝结、有悬浮的颗粒漂动并稍出水时即可。将点好的豆浆静置1~2分钟，倒入铺有屉布的容器内过滤。将盛有豆腐浆渣的屉布包好，上面压上重物。压重物的时间和力度依个人喜好而定，如果想吃嫩一点的豆腐就用轻一点的物品少压一会儿，反之，可用重一些的物品多压一会儿。

巧去干蚕豆皮

把干蚕豆放到陶瓷或是搪瓷材质的器皿中，加适量食用碱，再在器皿里倒进热水闷5~10分钟，取出后就能很容易地剥掉蚕豆皮了。去皮后用清水冲洗干净，去除碱味即可。用这种方法还能快速地剥去莲子皮。

妙法剥栗子肉不粘皮

方法❶：生栗子洗净后用淡盐水煮熟，再剥皮时，栗子肉就不粘皮了。

方法❷：也可以在栗子皮上划一个"十"字刀，煮熟后再剥皮，栗子肉也不易粘皮。

妙法巧洗水发黑木耳

方法❶：在水中滴几滴醋，然后轻轻搓洗水发黑木耳，很快就能去除黑木耳上的沙土。

方法❷：在水中加少许淀粉搅拌均匀，然后轻轻搓洗，可以轻松洗净黑木耳上细小的杂质和残留的泥沙。

巧去山楂核

❶准备一个细一些的钢笔帽，清洗干净。

❷将钢笔帽对准山楂蒂穿一下，但不穿透（图1）。

❸拔出钢笔帽，将山楂开花的蕊部朝上，把钢笔帽对着山楂中心位置穿透，就能将山楂核都去除干净（图2）。

妙法洗芝麻

取干净的棉纱布缝成小口袋，放入芝麻，将袋口放在水龙头下，清洗时用手在口袋外面搓洗，直至从纱布的缝隙处流出的水变清为止。沥干水分，晒干后随用随取。这样处理，免除了每次取用时都要淘洗的麻烦。

巧去桃毛

取盆，倒入适量清水，加少许食用碱或盐搅拌至溶解，放入桃子浸泡5~10分钟，桃毛便会自行脱落，取出用清水冲洗干净即可。

巧洗葡萄

将整串葡萄放入盆中，倒入没过葡萄的清水，加适量面粉搅匀，浸泡5分钟，用手轻搅几下，取出葡萄用水冲洗掉残留的面粉水即可。因为面粉能较好吸附蔬菜、水果表面的残留农药。

2. 素食原料烹制

米饭夹生、烧焦巧补救

米饭烧制不得法，会发生夹生现象。全部夹生时，可用筷子在饭上多戳一些洞，直戳锅底，适当加些温水重新焖；局部夹生，就在夹生处戳几下再焖；表层夹生时，可将夹生的饭翻至中间去焖。这样可使夹生饭熟透。

煮米饭若不小心烧焦了，会有焦烟味。此时要把火停掉，取一杯冷水置于饭锅内，过一会儿焦味就会被水所吸收。也可把饭锅移到潮湿处放置10分钟，焦烟味会自然消失。除去烧焦米饭的焦烟味还有一法，即用一根长约6厘米的葱插入烧焦的饭锅内，盖上锅盖，一会儿焦烟味即消去。

巧煮面条

煮面条的窍门关键在于根据面条特点掌握好火候和下面条的时间。

煮机制湿切面和家庭现擀的面条，应用旺火将水烧成大开，然后再下面，用筷子把刚下的面条挑散，以防面条粘连，再用旺火催开。煮这种面条，锅开两次，淋两次冷水，即可捞出食用。

煮干切面、卷子面时，不宜用旺火。因这样的面条本身就很干，若在水大开时下面，面条表面会形成黏膜，且水分不容易往里渗入，热量也不易向里导入，煮出的面条会出现粘连、硬心现象。应用中火煮，随开随放些冷水，使面条受热均匀，煮好后不会有硬心，也不会粘连。

巧切面包不破碎

方法❶：将刀放在火上烧热后再切面包，无论切厚片还是薄片，面包都不易松散破碎。

方法❷：切面包前先把面包放在冰箱里冻5~10分钟取出后再切，不但不粘刀，而且切出的面包完整不碎。

巧和面不粘盆

和面前先将不锈钢面盆清洗干净，沥去多余的水分，放在小火上烘烤至盆中残留的水分全部蒸发，然后在面盆稍微有些烫手时开始和面，这样和面不易粘盆，即使有点面粉粘在盆上，只要轻轻一擦就可擦掉。

巧煮陈米

用存放时间较长的米煮出的饭往往不香，甚至会有一股霉味。想要消除这种现象，可以先将陈米用水淘净，然后泡一段时间，下锅时再滴入少量食用油。这样煮出来的饭不仅松软，无异味，而且色泽、味道与用新米煮出的差不多。

巧蒸馒头

方法❶：蒸馒头时，如果面醒发得不是很好，可在面团中间挖个小坑，倒进少许白酒（图1），10分钟后面团就会充分醒发。

方法❷：发面时如果没有酵母，可用蜂蜜代替，每500克面粉加蜂蜜15～20克，在面粉里放一点盐水（图2），将面团揉至表面光滑后，盖上润湿的纱布，充分醒发后，蒸出的馒头又白又暄软。

方法❸：冬天室内温度较低，发面需要的时间较夏天长，在发面时放点白糖（图3），可以缩短醒发的时间。

巧解食糖（砂糖、白糖、红糖）硬块

方法❶：面包撕成小片，放入装有食糖的盛器中，盖严盛器盖，大约6小时后，面包中的水分会使食糖的硬块散开。

方法❷：将苹果切成几块，放入装有食糖的盛器中，盖严盖子放2～3天，食糖的硬块会自行松开，这时把苹果块取出就可以了。

巧炒藕不变色

方法❶：藕切好后放入加醋的冰水中浸泡，可使炒出的藕不变色（图1）。

方法❷：藕切片后用沸水焯烫，捞出后加少量盐拌匀，腌渍几分钟，然后用清水冲洗，这样炒出的藕也不会变色。

方法❸：炒藕时可边炒边往锅中淋入少量清水，这样不仅藕片不粘锅，而且炒出来的藕色泽白嫩（图2）。

第二章

凉菜清口又提神

选一个清爽的器皿，放上一勺或鲜绿或脆嫩的凉菜，丝丝凉意直入心底。

三彩白菜丝

主料

大白菜300克，胡萝卜25克，黑木耳20克，红辣椒10克

调料

橄榄油25克，白醋4克，盐5克，麻油3克，芝麻5克

做法

① 大白菜切丝，黑木耳和去蒂的红辣椒切丝，胡萝卜切丝。芝麻放入干锅中炒香，备用。

② 锅中加橄榄油烧热，放入红辣椒丝，再加入胡萝卜丝拌匀，盛入碗中，待凉后加入大白菜丝搅拌均匀，盛入盘中，撒上芝麻即可上桌。

芥末西芹

主料

西芹350克，红辣椒10克

调料

盐5克，芥末粉（或芥末酱）3克，白醋6克，麻油8克，盐5克

做法

① 西芹切成长段后再切片，放入开水中氽烫一下，待颜色变成碧绿色后捞出，放入冰水中浸泡。

② 西芹、红辣椒放冰箱中冷藏40分钟，待冰透使其口感更脆后取出，加入调好的芥末糊拌匀，再放入冰箱静置约10分钟，待食用时端出即可。

主料

菠菜500克，粉丝50克，豆腐干50克

调料

盐5克，芥末油2克，红油15克，味精2克

做法

① 净菠菜快速焯水拔凉，粉丝热水泡开，豆腐干切丝。

② 菠菜、粉丝、豆腐干丝放入容器中，加盐、芥末油、红油、味精拌匀即成。

菠菜拌豆干

主料

生菜、紫甘蓝、彩椒、白菜、圣女果各25克

调料

素沙拉酱　　　　　　　　　　　70克

做法

　　将生菜、紫甘蓝、彩椒、白菜、圣女果切成不同规格的块，浇上素沙拉酱即成。

蔬菜素沙拉

凉拌黄瓜

主料

鲜黄瓜　　　　　　　　　　350克

调料

盐5克，味精3克，麻油10克

做法

① 将洗净的黄瓜拍松，备用。

② 黄瓜中加入盐、味精、麻油调味，拌匀装盘即成。

凉拌菜豆

主料

新鲜菜豆　　　　　　　　　500克

调料

盐5克，味精4克，素油15克

做法

① 菜豆去两头，洗净切长段，焯水备用。

② 取一容器，将焯好水的菜豆经盐、味精（用少量温水调开）、素油调味，搅拌均匀，装盘即成。

主料

藕600克，糯米300克

调料

桂花糖20克，蜂蜜50克，白糖150克

做法

① 藕去皮洗净，去一端后制成中空的容器，备用。将糯米洗净，放桂花糖拌匀，塞入藕内封口，备用。

② 将白糖入锅炒至呈深红色时取出，制成糖色。锅中加入开水、白糖和炒好的糖色，放入装了糯米的藕，大火烧沸，小火慢炖2~3小时，用大火收汁，取出改刀，晾凉后装盘浇蜂蜜即成。

糯荷争春

主料

藕	250克

调料

柠檬汁	50克

做法

① 藕去皮洗净，切片焯水，备用。

② 纯净水放入冰箱中，待温度至0℃时取出，放入藕片过凉10分钟，捞出控水，装入盘中备用。

③ 将柠檬汁浇淋于藕片上即成。

柠檬藕片

糖醋藕片

制作时间 10分钟　难易度 ★

主料

新鲜嫩莲藕	300克

调料

红辣椒	15克
嫩姜	5克
花椒粒	1克
白醋	14克
麻油	10克
细砂糖	2克
色拉油	25克

做法

① 莲藕去皮，切薄片；嫩姜洗净，切细丝；红辣椒去蒂及籽，切细丝。

② 锅中倒入油料烧热，爆香花椒，捞出花椒丢掉，加莲藕炒匀，离火待凉，捞出全部原料沥干，浸泡约30分钟待凉，放入冰箱，吃时取出装盘即可。

养生与营养

· 莲藕含丰富的维生素C及食用纤维，其中黏蛋白中的糖蛋白质会让莲藕切时产生拉丝的现象，具有滋补养生的效用，并含有单宁酸，有消炎、止血的作用。

爽口果醋藕片

制作时间
15分钟

难易度
★★

主料

脆藕	1节
枸杞	20粒
纯净水	适量

调料

苹果醋	200毫升

做法

① 锅中烧开水，放入藕片焯烫2分钟。

② 捞起后浸入冷水，冰镇待用。

③ 容器中倒入苹果醋。

④ 再加入适量纯净水，搅匀。

⑤ 放入藕片，盖上容器，入冰箱冷藏2小时。

⑥ 等待的过程中将枸杞洗净、泡软，吃之前装饰即可。

贴心提示

· 藕片尽量切薄，这样容易入味。

· 切片的藕立刻浸入水中，防止氧化变色。

· 焯烫的时间不要太久，否则就会失去爽脆的口感。

老醋花生

主料

油炸花生 300克

调料

姜末4克，辣椒末5克，香菜末10克，酱油5克，老醋15克，麻油10克，花椒粉1克

做法

将调味料搅拌均匀后与油炸花生米拌合即可。

盐渍花生

主料

花生 250克

调料

素油1000克，米醋5克，盐15克

做法

① 花生粒洗净，晾干水分，备用。

② 锅中加入多量素油，烧至四成热，下入花生浸炸2分钟，捞出控油装盘，浇米醋，加盐调味即成。

香菜花生

制作时间 10 分钟　难易度 ★

主料

花生粒	250克

调料

盐	2克
素油	5克
香菜	50克
米醋	25克

做法

① 花生粒洗净，备用。香菜去叶洗净，梗切段备用。

② 锅内加清水，下花生煮至刚熟（白色）时，捞出去皮，加盐，再下入清水中稍煮5分钟，捞出控水，调入素油，浇米醋拌匀，再加香菜梗装盘即成。

 贴心提示

·煮花生时间不宜过长，否则易发黑。煮花生最好用不锈钢锅。

糖醋胡萝卜

制作时间 10分钟

难易度 ★

主料

胡萝卜	400克
薄荷叶	少许
熟白芝麻	适量

调料

盐、醋、白砂糖、香油　各适量

养生与营养

· 胡萝卜营养丰富，含胡萝卜素、维生素及微量元素等，有"小人参"的美誉。

做法

① 胡萝卜洗净，去皮，切丝，加入适量盐腌渍10分钟。（图①）

② 将腌渍好的胡萝卜丝用清水冲洗干净，沥干水，装入盘中。（图②）

③ 将醋、香油、白砂糖倒入盘中搅拌均匀，撒上熟白芝麻，放薄荷叶点缀即成。（图③~图⑤）

葱油胡萝卜丝

制作时间
15 分钟

难易度
★★

主料

胡萝卜	250克
葱、蒜	各适量

调料

盐、白砂糖	各适量
香油、味精	各适量

做法

① 胡萝卜洗净，去皮，切丝；葱切末；蒜去皮，切末，备用。（图①）

② 油锅烧热，放入胡萝卜丝，翻炒至熟。（图②）

③ 然后放入白糖、味精、盐翻炒均匀，盛入盘中，备用。

④ 净锅倒入香油烧热，炒香葱末、蒜末后，放入胡萝卜丝炒匀即可。（图③、图④）

贴心提示

· 不可将胡萝卜和苹果存放在一起，否则苹果散发出的乙烯会使胡萝卜变味。

主料

萝卜片   250克

调料

酱油50克，白糖15克，麻油5克

做法

① 白萝卜去皮洗净，切成长条，备用。

② 萝卜条打上花刀，用酱油、白糖腌制3小时，取出摆盘。将麻油刷在萝卜条上即成。

开胃萝卜

主料

大绿豆200克，萝卜干200克

调料

盐1.5克，味精2克，麻油5克，八角1个

做法

① 大绿豆洗净，入锅，加八角煮透至熟，待用。

② 萝卜干浸泡，与绿豆重新调味，拌匀装盘即成。

绿豆萝卜干

美味萝卜

主料

萝卜500克，美味鲜150克

调料

白糖75克，白醋40克，盐适量

做法

　　将洗净切成连刀片的萝卜用盐腌出水分，吸干水分后放入其他调料汁内泡15小时，取出摆入盘中即可。

萝卜黄瓜蘸酱

主料

心里美萝卜250克，黄瓜250克

调料

白糖2克，白醋2克，甜面酱25克

做法

　　将原料切成6厘米长的粗条。白糖和白醋调成糖醋水。将心里美萝卜入糖醋水中略泡后摆盘。黄瓜配甜面酱即可。

四川泡菜

主料

各种鲜菜（白菜、莲花白、胡萝卜、青红椒等均可）	500克
红干辣椒	20克

调料

八角	1个
老糟汁	20克
排草	2克
川盐	8克
红糖	15克
花椒	2克
草果	半个

做法

① 将各种鲜菜修整齐，充分洗涤后晾晒干，将菜坯装入坛中。

② 锅中添水，加入川盐后煮沸，冷却后去除杂质，加全部佐料调配成料液。

③ 将料液倒入坛中，将菜坯腌制成成品即可。

养生与营养

· 白菜营养丰富，含有大量的碳水化合物、钙、磷和铁。还含有丰富的维生素A、B族维生素和维生素C等。莲花白清热除烦，行气祛瘀，消肿散结，通利胃肠。主治肺热咳嗽、身热、口渴、胸闷、心烦、食少、便秘、腹胀等病症。

开胃炝拌双丝

制作时间
10分钟

难易度
★

主料

西瓜皮	2大块
胡萝卜	1/2根
尖椒	1个

调料

蒜	3瓣
白芝麻	1汤勺
小红辣椒	2个
花椒	10粒
植物油	1汤勺
盐	1茶匙
鸡精	1/2茶匙

贴心提示

· 将瓜皮里外都削干净，仅留青色部分即可。

· 瓜皮丝和胡萝卜丝焯烫后立即浸入冷水，保持爽脆口感。

· 辣椒和花椒炸出香味后捞出，以免影响口感。

做法

① 锅中烧水，水热后放入瓜皮丝和胡萝卜丝，焯烫片刻。

② 约1分钟后捞出，浸入冷水。

③ 待降温后，将瓜皮丝和胡萝卜丝捞出，沥干水分，放入碗中，加入尖椒碎和蒜末。

④ 加入少许细盐。

⑤ 另起锅烧热，放油，油热后放小红辣椒碎和花椒，炸出香味后，将辣椒和花椒捞出，将油趁热倒入菜中，搅拌均匀。

⑥ 加入少许白芝麻，拌匀即可。

凉拌山药

制作时间
10分钟

难易度
★

主料

山药	150克
葱、薄荷	各适量

调料

醋、凉拌酱油	各适量
香油	少许

贴心提示

· 山药切后与空气接触容易变黑，可将切好的山药片放于清水中，以保持颜色洁白。

做法

① 将山药去皮，洗净，切薄片；葱洗净，切末，备用。（图①）

② 将山药片放入沸水中焯烫一下后捞出，放入凉水中去除黏液。（图②）

③ 捞出山药片，放入盘中，将所有调料和葱末放入，搅拌均匀装盘，点缀上薄荷即可。（图③、图④）

主料

山药 300克

调料

冰糖50克，蜂王浆20克

做法

① 山药去皮洗净，改刀成琵琶托形，摆入盘中，待用。

② 盛山药的盘中加冰糖，入笼蒸熟，再淋上蜂王浆即成。

香甜山药托

主料

莴笋350克，金针菇150克，红椒25克，木耳150克

调料

盐5克，味精3克，白醋8克，麻油15克

做法

① 莴笋洗净切丝，焯水备用。金针菇洗净，焯水备用。红椒去籽、蒂，洗净，切丝后焯水。

① 木耳水发好后洗净切丝，焯水备用。取一容器，将莴笋丝、金针菇、红椒丝、木耳丝经盐、白醋、麻油、味精（温水化开）调味后搅拌均匀，装盘即成。

翠玉金丝

茭白浇酱

制作时间 10 分钟　难易度 ★

主料

茭白	3根（500克）

调料

芝麻酱	30克
酱油	12克
麻油	12克
白糖	6克
米醋	4克
素油	25克

做法

① 茭白洗净，放入锅中蒸熟，取出后放凉。

② 将所有调味料调匀，把放凉的茭白切成滚刀块后放盘内，淋上酱料，食用时拌匀即可。

贴心提示

· 如果喜欢吃辣的，可以加少许辣油在调味料内。此菜冰凉吃口感更好，但放入冰箱前，要用保鲜膜包好再冰，以免直接冰凉时外皮干缩。茭白要选购外皮白皙，肥满圆浑，没有斑点的，那样的质地才会好。

冰凉南瓜方

主料

圆南瓜	500克

调料

纯蜂蜜	50克

做法

　　南瓜改刀成方，抹上蜂蜜，入蒸笼蒸制成熟，取出排盘即成。

嫩姜拌莴笋

制作时间
10分钟

难易度
★

主料

莴笋	1/2根
嫩姜	1小块

调料

白芝麻	2茶匙
白醋	1汤勺
植物油	1汤勺
细盐	少许

贴心提示

· 莴笋可根据自己的方便，切成任意形状。

· 焯烫后的莴笋片立即浸入冷水，并反复冲洗，可使莴笋片保持爽脆的口感。

· 白芝麻不需要加热太久，散发出香味即可，以免焦糊。

做法

① 锅中烧水，水开后放入莴笋片焯烫至变色。

② 莴笋片捞出，立即浸入冷水中，反复换水，直至莴笋片温度变凉。

③ 另起锅烧热，放入1大勺植物油，油烧热后，放入适量白芝麻爆香。

④ 将莴笋片捞出、充分沥干水分，放入干净的碗中，浇上刚刚爆香的油和芝麻。

⑤ 倒入1大勺白醋，加入少许细盐。

⑥ 放入嫩姜丝，搅拌均匀即可食用。

五谷丰登

制作时间 10 分钟   难易度 ★

主料

芋头	500克
玉米棒	400克
花生	200克
地瓜	150克
蜂蜜	1碗
南瓜	适量

做法

① 将芋头、花生、南瓜、地瓜洗净，玉米棒去皮、去丝。

② 依次将原料分别蒸熟。

③ 将蒸熟后的原料，依芋头、玉米、花生、地瓜、南瓜的次序摆好装盘即成。可根据喜好蘸食蜂蜜。

养生与营养

· 芋头性甘、辛、平，入肠、胃，具有益胃、宽肠、通便散结、补中益肝肾、添精益髓等功效。玉米粒营养丰富，含有大量蛋白质、膳食纤维、维生素、矿物质、不饱和脂肪酸、卵磷脂等。其中，还含有一种对健康非常有利的尼克酸。

水果沙拉球

制作时间 10分钟

难易度 ★

主料

苹果、梨、火龙果	各75克
胡萝卜、素沙拉酱	各75克
草莓、菠萝、香蕉	各少许

做法

① 苹果去皮洗净，挖球备用。梨去皮洗净，去核挖球备用。

② 火龙果去皮，挖球备用。胡萝卜去皮，洗净后焯水备用。

③ 草莓洗净，去蒂切丁备用。菠萝去皮洗净，经盐水浸泡后切丁备用。香蕉去皮，切丁备用。

④ 将苹果球、梨球、火龙果球、胡萝卜球和草莓丁、菠萝丁、香蕉丁浇上素沙拉酱，拌匀装盘即成。

水果沙拉

主料

白瓜100克，青苹果150克，哈密瓜100克，草莓75克，奇异果（猕猴桃）1个

调料

素沙拉酱　　　　　　　　　　　　　　50克

做法

　　所有原料切好置盘。奇异果挖空，将素沙拉置于其中即可。

养生与营养

· 水果含有丰富的维生素C、维生素A以及人体必需的各种矿物质（含量最多的是钾），大量的水分和纤维质，可促进健康，增强免疫力。

素水果沙拉

主料

苹果、火龙果、梨、圣女果、果瓜、哈密瓜、西瓜各50克

调料

沙拉酱　　　　　　　　　　　　　　50克

做法

　　将各种水果制成适当的块或球，入盘堆码成形，浇上沙拉酱即成。

栗子拌菱角

主料

栗子300克，菱角300克，红枣仁100克

调料

白糖　　　　　　　　　　　　　100克

做法

　　将栗子、菱角和红枣仁焯水，放入锅中小火煮熟，加白糖调拌均匀，冷却后装盘即可。

香椿拌豆腐

主料

香椿100克，豆腐200克

调料

盐4克，味精2克，香油5克

做法

① 鲜香椿洗净切末，焯水备用。豆腐切块，焯水晾凉备用。

② 将豆腐摆于盘中，香椿芽以盐、香油、味精（经少量温水化开）搅拌均匀后堆于豆腐上即成。

豆皮三丝卷

制作时间
10分钟

难易度
★

主料

豆腐皮	300克
黄瓜丝	100克
香菜	20克
胡萝卜丝	75克
紫橄榄丝	75克

调料

甜面酱	1小碟

做法

　　豆腐皮先焯水，晾凉，再将黄瓜丝、胡萝卜丝、紫橄榄丝等三丝原料调味，用凉好的豆腐皮卷好即可。

荷塘夜色

制作时间
10分钟

难易度
★

主料

豆腐皮（称小油皮）	650克
酱油	125克
八角	15克
小茴香	10克

调料

白糖	25克
味精	6克
麻油	25克
菌菇汤	适量

做法

　　将干豆腐皮卷成筒形，用纱布包紧，放菌菇汤中，加调料小火炖熟，晾凉后改刀装盘即可。注意要将腐皮卷卷紧压实。

黄花菜千张丝

制作时间
10分钟

难易度
★

主料

干黄花菜	150克
木耳丝	30克
千张丝（豆腐皮）	50克
青红椒丝	各5克
绿豆芽	50克

调料

盐	3克
味精	2克
麻油	20克

做法

① 干黄花菜热水涨发，洗净，焯水过凉。千张丝略煮，晾凉。绿豆芽焯水，过凉。

② 以上原料加木耳丝、青红椒丝，加盐、味精、麻油拌匀即成。

贴心提示

· 黄花菜选择当年干制品，千张也可卤一下再切丝。

主料

香菇300克

调料

卤水汁600克，麻油5克

做法

　　鲜香菇焯水，入加卤水汁的锅内卤30分钟，控净卤水汁后摆在盘中，刷上麻油即成。

卤水香菇

主料

水发木耳300克

调料

红油汁75克

做法

① 水发木耳洗净，备用。

② 将木耳经80℃的水焯一下，备用。

③ 白开水放入冰箱，凉至0℃后取出，将焯好水的木耳放入，浸泡15分钟，捞出控干水分，备用。

④ 将木耳加红油汁搅拌均匀，装盘即成。

红油木耳

美味石耳

制作时间 10 分钟　　难易度 ★

主料

水发石耳	350克
青红椒	各25克

调料

盐	3克
味精	2克
香油	3克

做法

① 石耳经水发好，焯水晾凉，备用。

② 青红椒去蒂、籽，洗净，切片后焯水，捞出备用。

③ 石耳中加入青红椒片，用盐、味精、香油调味，装盘即成。

养生与营养

· 石耳系高山真菌植物，营养丰富，历来都是待客名菜。石耳还具有补阴降压、去火防馊的功效。辣椒含有丰富的维生素，食用辣椒能增进食欲，增强体力，改善怕冷、冻伤、血管性头痛等症状。

第三章

热菜全家都爱吃

　　喜欢素食是因为它老少皆宜，而且也不乏营养，吃一顿素食热菜吧，清一清负担很重的肠胃。

上汤白菜

制作时间
15分钟

难易度
★

主料

白菜心	350克
素高汤	500克
青红椒	15克
香菇	15克

调料

盐	6克
味精	4克
胡椒粉	2克
香菜	15克

做法

① 白菜心洗净备用。青红椒去籽去蒂，洗净切丝，焯水备用。

② 香菇发好后去蒂，洗净切丝，焯水备用。香菜洗净，去叶切段备用。

③ 将素高汤与白菜心放入同一容器中，上笼蒸10分钟，经盐、味精、胡椒粉调味后，撒上香菜段、青红椒丝、香菇丝即成。

壮骨白菜卷

制作时间
30 分钟

难易度
★★

主料

芋头	400克
香菇	75克
胡萝卜	75克
白菜	100克

调料

色拉油	20克
盐	5克
胡椒粉	4克
水淀粉	25克
素油	适量

做法

① 芋头去皮洗净蒸熟，趁热碾碎，制泥，拌入素油、盐、胡椒粉，备用。

② 香菇经水发好后，去蒂切末备用。胡萝卜去皮洗净，煮熟切碎备用。将芋头泥加香菇末、胡萝卜末，搅拌均匀备用。

③ 白菜洗净分叶，用开水将白菜叶烫软，切除硬梗，晾凉后包入调好的芋头泥，卷成筒状小卷，上笼蒸10分钟，取出摆盘。

④ 锅中加入素高汤，大火烧沸，经盐调味后，用水淀粉勾芡，将白菜卷下入转匀，出锅装盘即成。

贴心提示

· 除了用芋头，也可以用土豆。另外，为了避免胡萝卜夹生，可以先煮熟再切碎拌入。蒸好的菜卷入锅烩炒时，要注意时常移动锅，以免粘锅。

吉祥如意包

制作时间 10 分钟　难易度 ★

主料

白菜叶	10张
香菇	125克
香干（豆腐干）	125克
粉丝	100克

调料

盐	3克
胡椒粉	2克
味精	2克
麻油	12克
香菜	10克

做法

① 白菜叶洗净，分叶焯水。香菇经水发好，去蒂洗净，切末。香干切末。粉丝用水发好，切成粒。香菜去叶留梗后洗净，切成段。

② 将香菇末、香干末、粉丝粒放入容器中，加盐、味精、胡椒粉、麻油调味，拌匀备用。

③ 将香菇末、香干末、粉丝粒包入白菜叶中，用香菜梗捆住封口，摆盘入笼蒸制5分钟，出锅装盘即成。

翡翠珍珠

制作时间
10 分钟

难易度
★

主料

油菜	450克
素圆子	100克

调料

素油	25克
水淀粉	15克
盐	3克
味精	3克
素高汤	25克

做法

① 油菜洗净焯水。素圆子加素高汤烧沸煮熟，备用。

② 锅中加入少量底油，烧至六成热，下入油菜大火略炒，加盐调味，摆入盘中，备用。

③ 将煮好的素圆子放在油菜上，摆盘备用。

④ 锅中加入少量素高汤，加盐、味精调味，大火烧沸，用水淀粉勾芡，浇淋于摆好盘的素圆子和油菜上即成。

双菇扒菜心

制作时间
10分钟

难易度
★

主料

小油菜	12棵
香菇	100克
滑子菇	70克

调料

酱油	12克
香菇水	50克
盐	4克
素油	适量

贴心提示

· 择除小油菜的老叶，每棵菜的大小一致，有助外观整齐。香菇不易入味，因此要先烧再放入鲜蘑，否则香菇太硬。

做法

① 小油菜焯一下，捞出冲凉，再用油烧熟，略炒，加盐调味后盛出，排在盘内。

② 香菇炒过，加酱油、香菇水烧入味。滑子菇洗净，切除根部杂质，放入香菇中同烧，汤汁稍收干时勾芡，盛入盘内小油菜中间即成。

香菇油菜

制作时间 10分钟　难易度 ★

主料

油菜	150克
香菇	50克

调料

素高汤	50克
素油	25克
盐	4克
味精	2克
水淀粉	适量

做法

① 油菜洗净，焯水备用。香菇水发好后，去蒂洗净，焯水备用。

② 锅中加入少量底油，烧至六成热时下入油菜煸炒，用盐、味精调味后摆盘备用。

③ 锅中加入素高汤，放入香菇，大火烧开，小火慢煨至透后，经盐、味精调味后用水淀粉勾芡，出锅装盘即成。

贴心提示

· 油菜煸炒要迅速，火要大，速炒速出。

家乡烤菜

主料

小油菜500克

调料

白糖5克，美味烧汁75克，麻油5克，素油1000克（实耗30克）

做法

① 选择一样大小的小油菜，洗时注意油菜芯里的泥沙，控净水待用。

② 锅中入油烧至150℃，放入油菜炸7秒钟，控油待用。

③ 锅加调料烧汁烧开，加油菜调味收汁即可。

油菜烩豆腐乳

主料

油菜300克，红辣椒15克，豆腐乳5克

调料

盐5克，水淀粉1克，麻油15克

做法

① 油菜焯烫至颜色变深绿色，捞出沥干水分，切段排盘。

② 锅中倒入素油烧热，爆香红辣椒块，淋在菜上，即可端出，最后淋上豆腐乳即可。

香干卷心菜

制作时间
15 分钟

难易度
★★

主料

小土豆	300克
卷心菜	150克
香干	70克

调料

淀粉	5克
素油、盐、味精	各适量

做法

① 将土豆洗净去皮，上笼屉蒸透，制泥备用。

② 锅中加少量底油，烧至七成热时，将焯好水的卷心菜和香干一起放入煸炒，加盐、味精调味后出锅摆盘。

③ 将土豆泥加淀粉、少许盐和味精调味后做成小饼状。锅中加多量底油，烧至七成热时下入小饼炸制，待呈现金黄色后捞出控油，摆盘即成。

养生与营养

· 卷心菜又名圆白菜，具有防衰老、抗氧化的效果，与芦笋、菜花同样处在较高的水平。它也是妇女的重要美容品。香干含有丰富的蛋白质、维生素A、B族维生素、钙、铁、镁、锌等营养元素，营养价值较高。

韭菜茄子丝

制作时间 10分钟　难易度 ★

主料

嫩茄子	200克
韭菜	75克

调料

香醋	1大匙
盐、味精	各半小匙
香油	2大匙
青芥辣	2克

做法

① 茄子去蒂洗净，切成粗丝；韭菜洗净，改刀切段；将青芥辣放在小碟中，加适量水拌匀。（图①、图②）

② 锅置火上，放香油烧热，下韭菜段、茄子丝合炒至熟。（图③）

③ 放盐、味精、香醋炒匀，最后淋上青芥辣即可。（图④、图⑤）

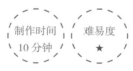

香韭炒年糕

制作时间
10 分钟

难易度
★★

主料

年糕	350克
鲜嫩韭菜	150克

调料

料酒	2小匙
胡椒粉	1小匙
盐、味精	各少许

做法

① 将年糕切适当厚片，放入锅内略蒸；韭菜择洗干净，切3
厘米长的段。（图①、图②）

② 油锅烧热，韭菜段下锅稍炒，烹入料酒，放入年糕片及胡
椒粉、盐、味精，炒匀即可。（图③~图⑤）

贴心提示

· 清洗韭菜时，宜先剪掉一段根，去除泥沙，然后用盐
水浸泡片刻再洗。

韭菜炒豆腐干

制作时间
30分钟

难易度
★★

主料

五香豆腐干	150克
韭菜	50克

调料

盐、味精	各半小匙
香油	1大匙
白砂糖	1小匙

做法

① 将五香豆腐干洗净，切成条；韭菜择洗干净，切段。（图①）

② 将豆腐干条放入容器中，上笼蒸20分钟后取出。（图②）

③ 油锅烧热，倒入豆腐干条翻炒几下。（图③）

④ 将韭菜段倒入锅中炒匀，放入盐、白砂糖，煸炒2分钟，最后放入味精、香油，装盘即可。（图④、图⑤）

贴心提示

· 韭菜是易熟的材料，稍微翻炒即可，否则韭菜会变得软烂、泛黄，影响菜色。

清炒苋菜

制作时间
10分钟

难易度
★

主料

苋菜	350克

调料

蒜	适量
盐、鸡精、香油	各适量

贴心提示

· 蒜片分次放入，不仅可以保持蒜的香气，而且使得蒜味不至于太冲。

做法

① 苋菜择除老叶，洗净，沥干水；蒜去皮，切片，备用。（图①）

② 油锅烧至八成热，下入一部分蒜片爆香，然后加入苋菜继续翻炒至软。（图②）

③ 然后加入盐和鸡精调味，撒入另一部分的蒜片，最后在起锅前淋上香油即可。（图③、图④）

香干炒苋菜

制作时间
15 分钟

难易度
★★

主料

苋菜	300克
香干	100克

调料

蒜末	适量
盐、白砂糖、味精	各1小匙
香油	适量

做法

① 将苋菜择洗干净；香干切丝。

② 苋菜入沸水锅中焯烫，捞出沥干后切成段，摆入盘中，加盐、味精拌匀。

③ 锅中倒香油烧热，放少许蒜末炒出香味，倒入香干丝炒匀，再拌入苋菜，装盘后倒入剩余蒜末和白砂糖拌匀即成。

酿双椒

制作时间 10分钟　难易度 ★

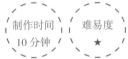

主料

青椒	10个
豆腐、青豆、竹笋	各50克
香菇、口蘑、魔芋	各50克
面筋、素鸡	各50克

调料

盐	5克
味精	3克
胡椒粉	3克
素油	20克

做法

① 青椒去蒂、籽，洗净，制成容器。豆腐切丁，焯水。青豆洗净，焯水。笋洗净，切丁焯水。

② 香菇用水发好，去蒂洗净，切丁焯水。口蘑洗净，切丁焯水，备用。魔芋去皮洗净，切丁焯水。面筋切丁。素鸡切丁，焯水备用。

③ 将豆腐丁、青豆、笋丁、香菇丁、口蘑丁、魔芋丁、面筋丁、素鸡丁放入容器中，加素油、盐、味精、胡椒粉调味，搅拌均匀，制作成馅料，酿入青椒容器中，上笼蒸制8分钟，出锅装盘即成。

家常烧双蔬

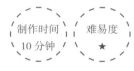
制作时间
10分钟

难易度
★

主料

茄子	350克
杭椒	350克

调料

烧烤汁	75克
素油	100克（实耗20克）
麻油	5克

做法

① 把洗净的茄子切成长6厘米、宽1.5厘米的条。选6厘米左右的杭椒去籽洗净。

② 锅中加油烧至150℃，下茄子条炸7秒后捞出，下杭椒炸7秒后捞出，待用。

③ 锅中加麻油烧热，加烧烤汁调好味，放入炸好的茄条、杭椒，大火收汁1分钟即可。

养生与营养

· 此菜可保护心血管，具有抗坏血病的作用。茄性寒利，多食必腹痛下利。青椒含有抗氧化的维生素和微量元素，能增强人的体力，缓解因工作、生活压力造成的疲劳。

主料

尖椒350克，豆腐乳150克，香菇末50克，胡萝卜末50克

调料

美极鲜酱油15克，味精4克，胡椒粉2克

做法

① 尖椒切成大小均一的块，放入热油锅中过油，摆在盘中。

② 将豆腐乳、香菇末、胡萝卜末及其他调料制成汁，浇在尖椒上面即成。

美极尖椒辣中香

主料

苦瓜350克，豆干菜1把（约100克）

调料

水淀粉20克，盐5克，白糖4克，素油35克

做法

① 苦瓜切条，先用七分热的油煎一下。豆干菜泡软，洗净后切碎，先用 3 克油炒过，再放入苦瓜，加盐、白糖调味后，加水烧开，改小火烧入味。

② 汤汁快收干时勾芡，炒匀即盛出。

苦瓜豆干菜

苦瓜酿香菇素肉

制作时间 10分钟　难易度 ★

主料

苦瓜	350克
素碎肉	160克
香菇	35克
菜干	50克

调料

嫩姜	5克
胡椒粉	3克
细糖	1克
番薯粉	2克
盐、麻油	各5克
酱油	12克

做法

① 苦瓜洗净后在前端切一小片，挖除其中瓜子和软肉，制作成空筒状容器，备用。

② 素肉切丁，放入碗中经盐入味备用。香菇经水发好后去蒂洗净，切末备用。菜干洗净切末。嫩姜去皮，洗净切末备用。

③ 锅中加入少量底油，烧至六成热时，放入素肉丁，煸炒出锅备用。

④ 将素肉丁、香菇末、菜干、姜末搅拌均匀，加入番薯粉、盐、胡椒粉、酱油调味后制成馅料，装入制作成筒状的容器中压紧，上笼蒸30分钟左右，至熟透后取出晾凉，切厚片摆盘即可。

主料

苦瓜500克，嫩姜3克

调料

豆豉3克，盐5克，白糖4克，素油35克，水淀粉25克

做法

① 苦瓜洗净切片，放入水中焯一下，稍软时捞出。

② 锅中加入素油，先放姜块和豆豉炒一下，接着放入苦瓜及调味料烧入味。待汤汁稍干时勾芡，盛出即可。

豆豉苦瓜

主料

芹菜300克，豆腐200克，香菇75克，紫甘蓝100克

调料

盐6克，味精3克

做法

① 将芹菜洗净，去叶，切细丁备用。豆腐用刀压制成泥，备用。发好的香菇切细末备用。紫甘蓝洗净，切末备用。

② 将芹菜末、豆腐泥、香菇末、紫甘蓝末拌匀，加盐、味精调味后制成馅。

③ 锅中加油，烧至六成热时，将制成的丸子下入锅内，炸至深色时取出控油，装盘即成。

香酥芹菜圆

干椒炒三鲜

制作时间 10 分钟　难易度 ★

主料

主料	
芹菜茎	75克
听装玉米笋	120克
韭黄	100克

调料

调料	
葱	20克
干辣椒段	12克
盐、味精	各半小匙

做法

① 将绿芹菜茎切成段；玉米笋切成片；韭黄洗净，切成段；葱洗净，切成马耳朵形。（图①、图②）

② 油锅烧热，下干辣椒段爆香，速下玉米笋片、芹菜段、韭黄段、盐、葱，合炒至断生，加味精翻炒均匀，起锅装盘即可。（图③~图⑤）

芹菜炒豆芽

制作时间
15 分钟

难易度
★

主料

绿豆芽	350克
芹菜	50克

调料

葱、姜	各适量
盐、鸡精、醋、香油	各适量

做法

① 绿豆芽、芹菜分别择洗干净，沥干水分，芹菜切段；葱部分切段，部分切末；姜切末，备用。（图①）

② 油锅烧热，放入葱段，炸至出香味，将葱段捞出，即成葱油，备用。（图②）

③ 另起油锅，炒香葱末、姜末，再放入绿豆芽、芹菜段翻炒均匀，然后调入醋、盐、鸡精，炒至入味，最后淋入香油和葱油即可。（图③、图④）

酥炸茄盒

制作时间 20分钟　难易度 ★★

主料

茄子	250克
素火腿	75克
香菇	25克

调料

甜辣酱	1碟
面粉	100克
发粉	1克
素油	1000克（实耗50克）
淀粉	25克
盐	5克
胡椒粉	3克

做法

① 茄子先切圆片，再切夹刀片。香菇泡软，切细末。素火腿切末。素火腿末、香菇末放入碗中，搅拌均匀，做成馅料。

② 茄子均匀夹入适量的馅料，蘸上面糊，放入油锅中以热油炸至金黄色，捞出再放回锅中炸第二遍，立刻捞出，沥油装盘，连同甜辣酱一起上桌。

 贴心提示

· 炸衣除了用面粉调拌之外，也可直接蘸裹油炸粉来炸。

鱼香茄子煲

主料

茄子450克，青红椒各25克，木耳20克

调料

鱼香汁70克，胡椒粉2克，素油30克，水淀粉20克

做法

茄子切成滚刀块，先过油，再与青红椒、木耳合烧，加调料调味，勾芡后出锅即成。

铁板浇汁茄子香

主料

茄子条350克，青红椒条各50克，鲜香菇末50克，姜末30克

调料

酱油15克，味精4克，胡椒粉2克，素油30克，干淀粉20克，水淀粉20克

做法

茄子条拍粉，先入油锅中炸至金黄，加入调料调味，浇汁，再连同其他各料一同推入烧热的铁板上即可。

鲜枸杞炒丝瓜

制作时间 20分钟 ｜ 难易度 ★★

主料

鲜枸杞子	150克
丝瓜	350克

调料

姜	6片
生素油	25克
盐	4克
味精	2克

做法

① 鲜枸杞子浸泡，丝瓜切片，待用。

② 起锅入素油，下丝瓜、枸杞子合炒，加调料调味即成。

养生与营养

· 枸杞子含有丰富的枸杞多糖、脂肪、蛋白质、游离氨基酸、牛磺酸、甜菜碱和各种维生素，特别是类胡萝卜素含量很高。

辣烧冬瓜

制作时间
10分钟

难易度
★

主料

冬瓜	500克
香辣酱	75克

调料

素油	25克
素高汤	75克
盐	2克
味精	1克

做法

① 冬瓜去皮洗净，切条焯水备用。

② 锅中加入少量素油，烧至六成热时，下入香辣酱煸炒至香味出后加冬瓜条煸炒，烹入素高汤，大火烧沸，至冬瓜入味后，用盐、味精调味，出锅装盘即成。

冬瓜素回锅肉

主料

冬瓜200克，干淀粉、干面粉各50克，青红椒片各25克

调料

酱油15克，胡椒粉2克，味精4克，素油30克，水淀粉20克

做法

① 干淀粉、干面粉制成面糊，待用。

② 冬瓜挂糊，入油锅炸至呈金黄色，与青红椒片合炒，入调料调味即成。

蒸扒南瓜

主料

南瓜   250克

调料

白糖15克，素高汤20克，水淀粉10克

做法

① 将南瓜去皮，洗净切块备用。

② 取一容器，将切好的南瓜装入其中，上笼蒸至熟透后取出，滗出汤汁，将其反扣于盘中备用。

③ 锅中加入素高汤，下入白糖，大火烧沸，水淀粉勾芡后浇淋于南瓜上即成。

主料

油菜心12棵，实心南瓜500克，红烧汁75克

调料

盐2克，素油20克，味精2克

做法

① 生南瓜剖成玉米穗状，调入少许红烧汁，入笼蒸10分钟，制熟待用。

② 油菜入锅煸炒后摆在盘边。"玉米"摆在盘中，浇红烧汁即成。

碧绿玉米

主料

南瓜200克，口蘑200克，冬瓜50克，素高汤50克

调料

盐3克，味精2克，素油25克，水淀粉20克

做法

① 南瓜去皮，洗净，用挖球器挖球，焯水备用。冬瓜去皮、洗净，也挖成球，焯水备用。口蘑洗净，切块焯水，备用。

② 锅中加入少量底油，大火烧至六成热，下入南瓜球、口蘑、冬瓜球，烹入素高汤，大火烧沸，加盐调味后小火慢炖至入味，加味精提鲜，用水淀粉勾芡，出锅装盘即成。

口蘑双球

南瓜绿枝

制作时间 10 分钟　难易度 ★

主料

南瓜	150克
红豆	75克
百合	100克
芥蓝、山药	各75克

调料

蘑菇精	4克
盐	6克
菌菇汤	35克
麻油	10克
水淀粉	25克
花生油	50克

做法

① 将南瓜切长条后上笼屉蒸熟，摆盘。将山药去皮，切成长4厘米、厚0.1厘米的薄片。

② 锅中加水烧至沸，将山药、芥蓝、百合、红豆分别焯水。

③ 锅中加少量底油，烧至八成热时，将焯好水的山药、芥蓝、百合、红豆放入煸炒。

④ 煸炒过程中加少量的菌菇汤，加蘑菇精、盐调味。

⑤ 用水淀粉勾芡后淋麻油装盘即成。

白果二吃

制作时间
15 分钟

难易度
★★

主料

白果	500克

调料

番茄酱	20克
味精	2克
盐	4克
素油	75克
素高汤	20克
水淀粉、面粉	各20克
枸杞子	5克
白糖	10克
白醋	2克

做法

① 白果洗净，煮熟备用。枸杞子洗净备用。

② 锅中加入少量素油，烧至六成热时，下入银杏煸炒，加入盐、味精调味，用水淀粉勾芡后摆葡萄状装盘，撒枸杞子备用。

③ 面粉、清水调成糊。将熟白果挂糊。锅中加入多量底油，烧至六成热时，下入挂糊的熟白果，炸至金黄色时捞出控油，备用。

④ 锅中加入少量底油，烧至六成热时，下入番茄酱煸炒至香，烹入素高汤、白糖、味精、白醋调味后大火烧沸。用水淀粉勾芡，下入炸好的白果翻炒均匀，做葡萄状摆盘即成。

贴心提示

· 最好是选择山西汉中的优秀银杏（白果）。每个人每次食用白果量不可过多，别超过15粒。

松子玉米

制作时间 20 分钟　难易度 ★

主料

松子仁	150克
玉米粒	350克
青红椒	少许
芹菜	20克

调料

盐	4克
味精	2克
白糖	5克
素油	1000克（实耗50克）

做法

① 松子仁洗净后控水备用。玉米粒洗净，控水备用。

② 锅中加入多量底油，烧至三成热时，关火，下入松子仁和玉米粒，浸泡10分钟至松子玉米熟透后捞出控油。

③ 青红椒去籽去蒂，切小菱形片，焯水备用。芹菜洗净，去叶切粒，焯水备用。

④ 锅中加入少量底油，烧至六成热时，下入青红椒片、芹菜粒煸炒至香后，将松子仁、玉米粒下锅，经盐、味精、白糖调味后出锅装盘即成。

红烧土豆块

制作时间
30分钟

难易度
★★

主料

土豆	2个

调料

葱白	适量
老抽、料酒	各1大匙
甜面酱、白砂糖	各2小匙
水淀粉	1小匙
盐	半小匙
味精	少许

做法

① 葱白洗净，切丝；土豆去皮，洗净，切滚刀块。（图①）

② 油锅烧热，放入土豆块，炸至金黄色，捞出控油。（图②）

③ 锅留底油，放入葱丝煸炒，待出香味后，加入甜面酱、料酒、老抽、盐、味精和白砂糖炒拌均匀。（图③）

④ 锅中放土豆块，大火烧沸后转小火烧透，用水淀粉勾芡即可。（图④、图⑤）

土豆片炒青椒

制作时间
15分钟

难易度
★★

主料

土豆	2个
青椒、葱段、蒜片	各适量

调料

盐	适量

做法

① 土豆去皮，洗净，切成薄片；青椒去蒂、去籽，洗净，切成块。（图①）

② 锅中倒入适量清水，大火煮沸，放入土豆片焯烫1分钟捞出，过凉，沥干，备用。（图②）

③ 油锅烧至六成热，放入葱段和蒜片炒香，然后放入焯烫好的土豆片和青椒块翻炒2分钟，最后加入盐搅拌均匀即可。（图③、图④）

炝炒麻辣土豆丝

制作时间
15分钟

难易度
★★

主料

土豆	350克

调料

葱末、蒜末	各适量
盐、干辣椒段、花椒	各适量

做法

① 土豆去皮，洗净切丝，洗去多余淀粉，然后用水浸泡，备用。（图①）

② 锅内加适量水，煮沸，放入土豆丝焯烫20秒，捞出，过凉，沥干。（图②）

③ 油锅置火上，放入花椒，待油到八九成热时，放入干辣椒段，然后加葱末、蒜末一起炒香后，放入焯烫过的土豆丝快炒20秒，期间放盐炒匀即可。（图③、图④）

贴心提示

· 土豆丝一定要多次淘洗，将表面的淀粉洗去，这样炒出来的土豆丝才会清脆、不粘锅。

双丝烙面皮

主料

土豆300克，青红椒丝各25克，烙面皮12张

调料

盐4克，味精2克，胡椒粉1克，橄榄油25克

做法

① 土豆洗净去皮，切丝后焯水，待用。

② 锅中入油烧热，下土豆丝和青红椒丝煸炒调味后放入盘中，将烙面皮围在盘边即成。

麻辣土豆拌粉皮

主料

土豆200克，宽粉皮200克，辣椒酱50克，香菜30克

调料

盐6克，味精4克，素油30克，素高汤100克，胡椒粉2克

做法

① 土豆洗净去皮，切成条待用。

② 土豆条入油锅炸至金黄色，与宽粉皮、辣椒酱一起烧制，再加入其他调味料调味即成。

辣酱土豆条

制作时间 20分钟　难易度 ★

主料

土豆	200克
香菜	1棵

调料

辣酱	25克
酱油	10克
素油	1000克（实耗35克）

做法

① 土豆洗净去皮，切成粗条，用盐水漂洗，捞出沥干。

② 锅内放油并烧至八成热，将土豆条放入热油中炸至酥黄后捞出。

② 锅中入油，炒香所有调味料，再放入土豆块快速拌匀后盛出，上面再撒上切碎的香菜末即成。

贴心提示

· 土豆用盐水漂过，可防止色泽变黑。油要热，放入的土豆块才不会掉粉末，但入锅前要先将多余的粉抖落，以免沉淀在锅底。

雪里蕻烧芋头

制作时间 10分钟　难易度 ★

主料

雪里蕻	150克
芋头	250克
枸杞子	10克
白芝麻	12克

调料

白醋	2克
麻油	10克
盐	5克

做法

① 雪里蕻切细粒，放入锅中，加入调料快速拌炒一下。白芝麻入干锅中，炒香备用。

② 芋头去皮切块，烤熟，加拌好的雪里蕻，撒上白芝麻及枸杞子即可。

养生与营养

· 雪里蕻含蛋白质、脂肪、糖、钙、磷、铁、胡萝卜素、硫胺素、核黄素、尼克酸、维生素C等。芋头含蛋白质、钙、铁等，可促进肠蠕动，降低血液中的胆固醇。

金丝芋球

制作时间 20分钟　　难易度 ★

主料

豆腐皮	250克
芋头	300克
香菇	150克
山菌丝	75克

调料

盐	4克
味精	2克

做法

① 将芋头切细丝，焯水后备用。将发好的香菇去蒂切丝，备用。将山菌丝焯水备用。

② 把芋头丝、香菇丝、山菌丝加盐、味精调味后制作成馅料。

③ 将馅料用豆腐皮包裹住，锅中加多量底油，待油温升到七成热时，下入豆腐卷包，炸透后捞出控油，装盘。

④ 锅中加多量底油，将豆腐皮切成宽0.1厘米的细丝，待油烧至七成热时，加入细丝炸至透后控油，撒在豆腐卷包上即成。

芋艿豌豆苗

主料

豌豆苗300克，小芋艿500克，自制菌菇酱200克

调料

素油　　　　　　　　　　　　　　　　适量

做法

① 将豌豆苗洗净后切段，清炒后围盘边备用。小芋艿洗净后备用。

② 锅中加多量底油，待油温升至五成热时，加小芋艿过油，备用。

③ 锅中加少量底油，烧至七成热时，放入小芋艿，加菌菇酱烹锅，再加少量清水，大火烧开，小火慢炖10分钟后装盘即可。

铁板奉芋

主料

奉化芋艿500克，多种菌菇200克

调料

芝麻黑椒汁　　　　　　　　　　　　75克

做法

① 将奉化芋艿洗净，切片焯水备用。菌菇洗净后切片，备用。

② 锅中加多量底油，待油温升至七成热时，将芋艿下锅，炸成金黄色后捞出，控油后装盘。

③ 锅中加少量底油，烧至七成热时加入菌菇，加芝麻黑椒汁大火至沸，小火慢炖入味。将汤汁浇淋于炸好的芋艿上即成。

主料

红薯500克，罐头水蜜桃200克，芝麻25克，干淀粉35克

调料

素油　　　　　　　　1500克（实耗75克）

做法

① 红薯切滚刀块，两面蘸裹淀粉，放入热油锅中炸成金黄色，捞出沥油。水蜜桃切块，备用。

② 干锅熬糖至能拔丝，放入红薯块翻炒，倒出。芝麻入锅中炒香，盛出。在红薯块表面撒上熟芝麻即可。

开胃红薯

主料

小油菜200克，草菇100克，胡萝卜100克

调料

盐4克，味精2克，素高汤150克，水淀粉20克

做法

① 小油菜洗净备用。草菇洗净备用。胡萝卜去皮，洗净制球备用。

② 取一砂锅，加素高汤煮至沸，经盐、味精调味后将小油菜、草菇、胡萝卜球逐次放入煮熟，取出摆入盘中即成。

碧绿三圆

迷你小炒

制作时间 10 分钟

难易度 ★

主料

生菜	100克
萝卜干	150克
毛豆米、口蘑丁	各75克
红椒丁	35克
蘑菇精	4克

调料

盐	5克
胡椒粉	2克
美味鲜	20克
麻油	10克
花生油	50克

做法

① 将生菜洗净，修成圆片后摆盘。

② 锅中加清水，烧至沸后将萝卜干、毛豆米、口蘑丁和红椒丁依次焯水待用。

③ 锅中加入少量底油，烧至八成热时放入焯好水的原料煸炒，加入蘑菇精、胡椒粉、美味鲜调味，淋入麻油后装盘即成。

· 选择球形生菜，萝卜干最好是萧山的。

制作时间
15分钟

难易度
★★

炸菱角

主料

去壳菱角	300克
脆酥粉	15克

调料

素油	适量

做法

① 菱角洗净、沥干，放入蒸锅蒸20分钟，取出放入盘中，加入脆酥粉蘸裹均匀，备用。

② 剩余的脆酥粉放入碗中调成厚糊状，放置15分钟，再放入菱角蘸裹均匀。

③ 将菱角投入油锅中，炸成金黄色捞出。待油锅温度升高，再回锅炸一次即可捞出，沥油装盘即可。

贴心提示

· 以上菱角可改用莲藕片。炸衣可用面糊加鸡蛋调成的糊代替脆酥粉，炸时油温不要太高。

香烙藕夹

制作时间 10分钟 · 难易度 ★

主料

藕	300克
香菇	100克
笋	50克

调料

盐	3克
味精	2克
红烧汁	100克
面粉	25克

做法

① 将藕去皮洗净，切夹刀片做成藕盒备用。将香菇发好后切末备用。笋洗净后切末，焯水后备用。

② 将香菇末、笋末加盐、味精调味后装入藕盒中，备用。

③ 锅中加多量底油，加热至七成热时，将藕盒蘸面粉，入油锅中炸至金黄色后控油装盘。

④ 将红烧汁烧沸，浇于藕盒上即成。

养生与营养

· 鲜藕含有20%的糖类物质和丰富的钙、磷、铁及多种维生素。香菇性味甘平，有健胃益气、滋补强壮的作用。笋具有消食、化痰、解毒、利尿的作用。

花香山药

制作时间 10 分钟　难易度 ★

主料

山药半根，青椒、红椒	各半个
玫瑰	10克

调料

白砂糖、蜂蜜	各4小匙

做法

① 青椒、红椒洗净，切丝；山药洗净，去皮，切段。（图①）

② 将山药段整齐地放入盘中，依次铺上青椒丝、红椒丝、玫瑰，撒上白砂糖，淋上蜂蜜。（图②~图④）

③ 将摆好的材料上笼用大火蒸20分钟即可食用。（图⑤）

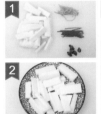

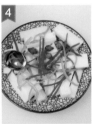

山药炒双瓜

制作时间
20分钟

难易度
★

主料

山药	150克
黄瓜、木瓜	各100克
蒜	适量

调料

盐、香油	各适量

做法

① 木瓜洗净，去子，去皮，切片；山药去皮，洗净，切花片；黄瓜洗净，切菱形片；蒜去皮，洗净，切片，备用。（图①、图②）

② 油锅烧热，放入蒜片炒香，加入山药片翻炒，接着放入黄瓜片，加少许清水，翻炒至黄瓜片变色，倒入木瓜片翻炒均匀，最后加盐调味，淋上香油即可。（图③、图④）

主料

新鲜菠萝500克，山楂糕100克，枸杞子2克

调料

盐2克，白糖40克，水淀粉20克

做法

① 菠萝切块，山楂糕用手撕块，枸杞子用水洗净，备用。

② 菠萝略炒，加入调味汁炒匀，再放入枸杞子烧入味，勾芡后炒匀即可盛出。

菠萝蜜汁

主料

鲜蘑200克，青芦笋150克

调料

盐5克，素高汤100克，素油35克

做法

① 鲜蘑洗净，对剖为二。青芦笋削去根部粗皮，先焯一下，然后冲凉，再斜切成小段。

② 锅中入油，先炒鲜蘑，再放入芦笋同炒，加素汤、盐调味后，均匀盛出即可。

鲜蘑烧芦笋

万年红小炒

制作时间
10分钟

难易度
★

主料

万年红（小红辣酱）	50克
豆腐干	100克
笋	100克

调料

味精	2克
素油	20克

做法

① 豆腐干切丁，备用。笋洗净切丁，焯水后备用。

② 锅中加入少量底油，大火烧至六成热时，下入万年红辣酱炒香，放入豆腐干丁、笋丁炒匀，加味精，出锅装盘即成。

养生与营养

· 舒筋活血。香干含有丰富的蛋白质、维生素A、B族维生素、钙、铁、镁、锌等营养元素。笋的纤维素、蛋白质含量都比较高，且富含胡萝卜素、B族维生素、矿物质等，具有消食、化痰、解毒、利尿的作用。

干烧竹笋

制作时间
15 分钟

难易度
★★

主料

苦笋	150克
青红椒	各25克

调料

味精	2克
素油	20克
香菜	15克
盐	2克

做法

① 苦笋洗净，切段焯水备用。青红椒去籽去蒂，洗净切块，焯水后备用。

② 香菜洗净切段，备用。

③ 锅中加入少量底油，烧成六成热时，下入苦笋煸炒，用盐、味精调味后加青红椒块、香菜段翻炒均匀后出锅装盘即成。

贴心提示

· 要分别焯水，苦笋焯水时间要稍长些。

养生与营养

· 鲜笋营养价值高，含人体必需的赖氨酸、色氨酸、丝氨酸、丙氨酸等。

咖喱苦笋

制作时间
20分钟

难易度
★★

主料

苦笋	400克
咖喱粉	适量
素油	25克
水淀粉	40克
素高汤	100克

调料

盐	3克
味精	2克

做法

① 苦笋洗净，切段焯水备用。咖喱粉经素高汤、盐、味精调和成咖喱汁，备用。

② 将苦笋段加咖喱汁，入笼蒸至熟透，取出滗出汤汁待用。

③ 先将蒸好的苦笋段摆盘。炒锅中加入素油，烧至六成热时，烹入滗出的汤汁，大火烧沸，用水淀粉勾芡后浇淋于苦笋段上即成。

主料

苦笋200克，香菇50克

调料

盐4克，味精2克，素高汤75克，水淀粉10克

做法

① 将苦笋洗净切段，挖心制成容器备用。香菇发好洗净，去蒂备用。

② 苦笋摆盘，酿入素高汤，将香菇摆在旁边，上笼蒸透取出。

③ 锅中加入素高汤，大火烧沸，用盐、味精调味，水淀粉勾芡后浇淋于其上即成。

苦笋酿香菇

主料

香菇50克，苦笋150克

调料

盐4克，味精2克，素高汤75克，水淀粉10克，素油25克，姜6克

做法

① 香菇发好后去蒂洗净，焯水备用。苦笋洗净，切片焯水备用。姜去皮洗净，备用。

② 锅中加入少量底油，烧至六成热时下入姜片爆香，香菇、苦笋下锅煸炒，烹入素高汤，大火烧沸，经盐、味精调味后，用水淀粉勾芡，出锅装盘即成。

香菇烧苦笋

椒粒炒竹笋

制作时间 10分钟　难易度 ★

主料

竹笋	450克
姜	1克
辣椒	8克
香菜	5克

调料

白糖	3克
盐	6克
胡椒粉	2克
素油	35克

做法

① 竹笋切滚刀块，姜和辣椒切末，备用。竹笋下油锅略炸至金黄色捞起。

② 白糖、盐、姜末、辣椒末炒香，加入竹笋快速拌炒一下，最后撒少许的胡辣粉及香菜即可。

贴心提示

· 这道菜应特别注意火候，要注意的是绝不能把油烧得滚烫，一边炸，一边得用锅铲搅拌，竹笋的颜色才会均匀。

主料

竹笋350克，豆豉35克，素高汤75克

调料

白糖   5克

做法

① 竹笋去壳，剖开，先用水煮熟，再取出切块。

② 锅中入油，先放入豆豉和竹笋同炒，再加入调味料，小火烧20分钟。待汤汁微干即可盛出。

豆豉竹笋

主料

山笋350克，青红椒各25克，素油20克，水淀粉20克

调料

盐3克，味精2克

做法

① 山笋洗净，切滚刀块，焯水。青红椒去蒂、籽，洗净切块，焯水备用。

② 锅中加入少量底油，大火烧至六成热，下入山笋块和青红椒块煸炒至香味出，加盐、味精调味，用水淀粉勾芡，翻炒均匀，出锅装盘即成。

双椒烧春笋

土豆烧扁豆

制作时间 10分钟

难易度 ★

主料

土豆	500克
扁豆	150克

调料

八角	2个
红烧汁	250克
素油	1000克（实耗50克）

做法

① 将土豆去皮，洗净后切滚刀块焯水，备用。将扁豆洗净，去两头筋丝，手掰成段，备用。

② 锅中加多量底油，油温烧至五成热时，将土豆和扁豆快速滑油出锅，控油备用。

③ 在锅中放入少量底油，烧至七成热时，放入土豆和扁豆，加红烧汁和八角烹锅，大火烧沸，小火慢炖，至熟透后出锅即成。

贴心提示

· 这土豆用低油温下锅，热油温出锅。

彩色黄螺

制作时间 10分钟

难易度 ★

主料

魔芋黄螺	350克
青佛豆（蚕豆）	35克
白果	50克
青红椒	各5片

调料

盐	5克
味精	2克
素油	25克

做法

① 魔芋黄螺焯水。青佛豆洗净焯水。白果洗净，焯水备用。

② 青、红椒去籽去蒂，洗净切片焯水备用。

③ 锅中加入少量底油，大火烧至六成热时，下入魔芋黄螺、青佛豆、白果、青红椒片煸炒至香，加盐、味精调味后翻炒均匀，出锅装盘即成。

养生与营养

·清脾理气，舒筋活血。

现磨豆花

主料

黄豆300克，榨菜50克，香菜20克

调料

美味鲜30克

做法

① 将黄豆制成豆花，备用。榨菜备用，香菜去叶切段备用。

② 将豆花放入碗中，加美味鲜、榨菜、香菜调味即成。

麻油豆角

主料

带豆（豆角）500克

调料

盐8克，白糖10克，酱油25克，麻油20克，蘑菇精4克

做法

将洗净的带豆放锅内炒熟，加入盐、白糖、酱油等调料，放适量菌菇精汤小火慢炖30分钟，最后收汁后淋麻油即可出锅装盘。

菇末烧长豆

制作时间
10 分钟

难易度
★

主料

香菇	75克
长豆角	350克

调料

盐	2克
酱油	75克
姜丝	25克
素油	25克
素高汤	100克
味精	2克

做法

① 香菇发好后洗净去蒂，切末备用。

② 长豆角洗净，切段焯水备用。

③ 锅中加入少量底油，烧至六成热时，下入香菇末煸炒至香，加姜丝、长豆角煸炒，烹入素高汤，大火烧沸，再用酱油、盐、味精调味后收汁装盘即成。

茶树菇四季豆

制作时间
20分钟

难易度
★★

主料

新鲜茶树菇	150克
四季豆	100克

调料

美味鲜	15克
红椒	50克
蘑菇精	4克
麻油	12克

做法

① 将涨发好的茶树菇切成长5厘米左右的段。红椒去籽去蒂后切成5厘米左右的条。

② 将四季豆切5厘米左右的段待用。

③ 锅中加多量底油，烧至七成热时，把茶树菇段、红椒段、四季豆段放入炸透，捞出控油。

④ 锅中加少量底油，烧至八成热后将原料入锅，加美味鲜、蘑菇精调味爆炒，淋麻油，迅速出锅后装盘即可。

榄菜菇末四季豆

主料

橄榄菜40克，四季豆350克，香菇丁50克，青红椒各25克

调料

盐6克，味精4克，胡椒粉2克，素油30克，水淀粉20克

做法

四季豆焯水后煸炒至熟，摆在盘边。其他原料烧好，装在盘中即成。

芽菜芸豆

主料

芽菜300克，芸豆500克

调料

素油25克，素高汤50克，香辣豆瓣酱50克

做法

① 芽菜洗净，备用。

② 芸豆洗净，切段焯水备用。

③ 锅中加入少量底油，烧至六成热时，下入香辣豆瓣酱煸炒至香，加入芸豆、芽菜，烹入素高汤，大火烧沸，小火慢炖至入味后，收汁装盘即成。

二冬烧面筋

制作时间
20 分钟

难易度
★★

主料

冬菇	100克
冬笋	100克
油面筋	200克

调料

酱油	15克
盐	4克
白糖	6克
水淀粉	20克
素油	35克

贴心提示

· 可利用泡冬菇的水代替清
水，味道更好。没有冬笋的
季节，可用绿竹笋代替，但也
要先煮熟再烧，以去除生竹
笋味。油面筋易入味，所以要
先将双冬烧一会儿再加入。

做法

① 冬菇泡软、去蒂。冬笋去皮，先煮熟再切块。油面筋先用
热油炸黄。

② 锅中入油，先炒冬菇，起香味后再放入冬笋同炒，加入
盐、酱油、白糖调味，放入适量清水烧入味，加入油面筋
同烧，待汤汁收干即可盛出。

菜胆石耳

制作时间 20分钟　难易度 ★

主料

油菜心	10棵
水发石耳	200克

调料

盐	4克
味精	4克
水淀粉	25克
素油	20克
姜	6片

做法

　　油菜心洗净，加素油后干煸炒熟，摆在盘边。石耳煸炒调味后盖在油菜叶上即成。

养生与营养

· 石耳富含蛋白质和多种微量元素，具有清肺热、养胃阴、滋肾水、益气活血、补脑强心的功效，对肺热咳嗽、肺燥干咳、便秘下血、头晕耳鸣、月经不调、冠心病、高血压等均有较好的辅助食疗效果。对身体虚弱、病后体弱的滋补效果更佳。

草菇笋

主料

小竹笋300克，草菇100克

调料

盐3克，水淀粉10克，味精2克，素油15克

做法

① 春小竹笋洗净，切片焯水备用。草菇洗净，切厚片焯水备用。

② 锅中加入少量底油，烧至六成热时，下入小竹笋和草菇煸炒至香，经盐、味精调味，用水淀粉勾芡后出锅装盘即成。

铁板野山菌烩

主料

鸡腿菇75克，草菇100克，滑子菇100克，乳牛肝菌50克，姜末15克，素油30克，水淀粉25克

调料

酱油30克，味精4克

做法

将各种菌菇焯水，入油锅爆香，加调料调味，用水淀粉勾芡，浇到铁板上即成。

手撕茶树菇

制作时间
20 分钟

难易度
★★

主料

茶树菇	350克
青红椒	25克

调料

十三香	5克
美味鲜	25克
素油	25克

做法

① 将茶树菇洗净，手撕成细丝后焯水备用。

② 将青红椒去籽和蒂，切成长5厘米、宽0.1厘米的细丝，焯水备用。

③ 锅中加少量底油，烧至七成热时，加入茶树菇丝、青红椒丝翻炒，干煸后加十三香、美味鲜调味，装盘出锅即成。

养生与营养

· 茶树菇营养丰富，蛋白质含量高，所含蛋白质中有18种氨基酸，并且有丰富的B族维生素和钾、钠、钙、镁、铁、锌等矿质元素。该菇性甘温、无毒，有健脾止泻之功效，并且有抗衰老、降低胆固醇、防癌和抗癌的特殊作用。

青龙戏珠

制作时间 20分钟　难易度 ★★★

主料

猴头菇	350克
青菜心	10棵
水淀粉	10克
干淀粉	10克

调料

盐	5克
胡椒粉	2克
素油	1000克（实耗75克）
素高汤	50克

做法

① 猴头菇经水发后洗净剁细，备用。青菜心洗净，焯水备用。

② 在猴头菇蓉中加盐、干淀粉、姜末，搅至上劲，挤成丸备用。

③ 锅中加入多量底油，大火烧至六成热时，下入制作好的猴头菇丸子，炸至金黄色时捞出控油备用。

④ 锅中加入少量底油，大火烧至六成热时，下入菜心煸炒至出香味，经盐调味后，取出摆盘备用。

⑤ 锅中加入少量素高汤，大火烧沸，下入猴头菇丸子，经盐、胡椒粉调味后，用水淀粉勾芡，出锅装盘即成。

菇香三丝

制作时间 20分钟　难易度 ★★

主料

冬笋	150克
冬菇	100克
青红椒	50克

调料

素高汤	50克
盐	5克
味精	2克
胡椒粉	1克
姜	6克
素油	20克
水淀粉	20克

做法

① 冬笋洗净，切丝焯水备用。冬菇洗净，去蒂切丝备用。

② 青红椒去籽去蒂，洗净切丝备用。姜去皮，洗净切片备用。

③ 锅中加入少量素油，烧至六成热时，下入姜片爆香，放入冬菇丝、冬笋丝、青红椒丝煸炒，烹入素高汤，大火烧沸，用盐、味精、胡椒粉调味后，经水淀粉勾芡，出锅装盘即成。

扫码看视频

香辣海带丝

制作时间
10分钟

难易度
★

主料

海带丝	200克
红椒	1个
小红辣椒	1个
干辣椒	3个
麻辣花生	30克

调料

生抽	1/2小勺
醋	1小勺
糖	适量
盐	少许
辣椒酱	1袋
香油	少许

贴心提示

· 也可使用干制海带，注意要提前充分处理，否则会太硬。

· 海带丝表面有一层黏液，不要过分清洗，否则会有很多营养物质流失。

· 红椒可以直接用水浸泡，十多分钟后就会自然弯曲，焯烫下会更易弯曲。

· 用海带做菜时，无论炖煮炒拌，最好加少许醋，味道会更好。

做法

① 锅中烧水，水开后放入红椒丝，焯烫几秒捞出。

② 迅速放入冷水中浸泡，待冷却后捞出沥干。

③ 再将海带丝放入沸水中焯烫2分钟。

④ 浸入冷水中，待冷却后捞出沥干。

⑤ 将海带丝和红椒丝混合，加入生抽，再加入醋，加入糖和盐。

⑥ 另起锅，入少许油烧热，放入辣椒酱和辣椒碎爆香。

⑦ 香味溢出后放入花生碎，充分炒匀，即可关火。

⑧ 趁热将辣椒花生碎和热油一起倒入海带丝中。

⑨ 再加入少许香油，充分拌匀即可。

豆腐海带

制作时间 10分钟　难易度 ★

主料

豆腐	500克
甜椒	40克
海带芽	150克

调料

素高汤	300克
嫩姜	2克
酱油	1克
胡椒粉	1克
冰糖	15克

做法

① 豆腐切块；甜椒洗净，切厚块；嫩姜切丝。酱油、冷水、胡椒粉放入碗中调均匀，过滤备用。

② 锅中倒入素高汤煮开，放入豆腐、甜椒及海带芽，加入姜丝煮滚，再加入调料熄火拌匀，最后放入冰糖再煮开，即可盛入大汤碗中端上桌。

贴心提示

·海带芽即海带的嫩芽，本身具鲜味，能帮助发挥甘醇的滋味。

金汤白玉

制作时间
10 分钟

难易度
★

主料

南瓜	350克
百合	100克
嫩豆腐	150克
松子	30克
西蓝花	12朵

调料

盐	5克
味精	2克

做法

① 将西蓝花洗净切块，焯水备用。

② 将百合洗净后焯水备用。

③ 锅中加多量底油，烧至七成热时下入松子，炸透后迅速捞出，控油备用。南瓜洗净去皮，榨汁后备用。

④ 锅中加少量底油，烧至八成热时，将西蓝花、百合、嫩豆腐、松子放入煸炒，加盐、味精调味后出锅摆盘。

⑤ 将南瓜汁熬浓稠后，浇淋于菜肴之上即可。

松子豆腐

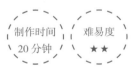
制作时间 20分钟　难易度 ★★

主料

老豆腐	50克
嫩豆腐	300克
笋	50克
松子	20克
花生	10克

调料

味精	2克
酱油	10克
水淀粉	10克
姜	6克
素油	1000克（实耗75克）

做法

① 老豆腐切丁备用。笋洗净切丁，焯水备用。松子洗净备用。嫩豆腐切块，备用。

② 花生洗净，碾碎去皮备用。姜去皮洗净，切片备用。

③ 锅中加入多量底油，大火烧至六成热时，下入豆腐丁炸至金黄色时捞出控油备用。

④ 锅中加入少量底油，大火烧至六成热时，下入姜片爆锅，煸炒至香味出，再入笋丁、碎花生仁、松子炒熟，将炸好的豆腐丁和嫩豆腐块放入锅中，加入酱油小火稍炖，用味精提鲜后，经水淀粉勾芡出锅装盘即成。

主料

嫩豆腐350克，干菌菇酱300克

调料

美味鲜20克

做法

① 将嫩豆腐用小杯做出圆形，备用。

② 取银盏，加干菌菇酱和嫩豆腐后备用。

③ 把装好的银盏上笼蒸制熟透，取出摆盘。用美味鲜调味后即成。

烫钵白玉

主料

豆腐300克，粉丝100克，芹菜末5克

调料

咖喱粉25克，姜3克，香菜5克，素高汤70克，盐5克，白糖5克，胡椒粉2克，麻油10克，水淀粉20克

做法

① 粉丝浸水泡软备用。豆腐入油锅炸成金黄色后取出。

② 油锅入姜煸香，加入咖喱粉炒香。将豆腐及芹菜下锅一起拌炒，再加素高汤、糖、盐、麻油煮滚，放入粉丝同烧 2 分钟。起锅勾芡，撒上香菜即可。

咖喱豆腐

香菇卤豆腐

制作时间 20分钟　难易度 ★★

主料

豆腐	500克
香菇	300克

调料

酱油	8克
胡椒粉	5克
素油	75克
淀粉	10克
素高汤	20克
水淀粉	10克
味精	3克

做法

① 豆腐切片。香菇水发好后去蒂，洗净焯水。

② 锅中加多量底油，大火烧至六成热时，将豆腐拍粉均匀后下锅，炸至金黄色后捞出控油。

③ 锅中加入少量素油，大火烧至六成热时，下入豆腐、香菇，烹素高汤，大火烧沸，用酱油、味精、胡椒粉调味后再用水淀粉勾芡，出锅装盘即成。

合蒸豆腐

制作时间
30分钟

难易度
★★★

主料

香菇	60克
素火腿	60克
豆腐	300克
荷叶	1张

调料

姜块	6克
香菇汁	2克
盐	5克
水淀粉	20克
麻油	10克
胡椒粉	2克

做法

① 素火腿及豆腐切成一样的方形块状。将香菇、素火腿及豆腐叠在荷叶上，放入蒸锅中蒸约20分钟后盛盘。

② 起油锅，爆香姜块后捞起，在锅中加入香菇汁，并加盐及麻油，再勾芡，撒上少许胡椒粉后起锅，淋在盘中菜品上即可。

贴心提示

· 此菜好看，但并不难做，最后的汁料得注意，勾好芡后一边淋一边搅拌，白色的雪花才好看。吃时口中飘来一阵荷香，是宴客的好佳肴。

香辣豆干丝

制作时间
20分钟

难易度
★★

主料

豆干丝（干香豆腐丝）	250克
香菜梗	50克
香菇丝	15克
青红椒	15克

调料

素高汤	20克
生抽	10克
味精	2克
素油	15克

养生与营养

· 开胃益脾，养颜怡神。香干含有丰富的蛋白质、维生素A、B族维生素、钙、铁、镁、锌等营养元素，营养价值较高。香菜有降血压、美容的作用，广泛用于烹调领域，具有去腥臭和增进食欲的作用。

做法

① 豆腐干丝切成6厘米长的段，备用。

② 青红椒去蒂、籽，洗净，切4厘米长的细丝，备用。

③ 香菜去叶洗净，切4厘米长的段，备用。香菇经水发好，去蒂洗净，切丝备用。

④ 锅中加入少量素油，大火烧至六成热，下青红椒丝、豆干丝、香菇丝煸炒至香味出，加入素高汤、生抽调味，稍翻炒后下味精，撒香菜段，翻炒均匀，出锅装盘即成。

主料

香干350克，姜6片

调料

素油20克，素高汤100克，蘑菇精4克，盐4克，麻油5克

做法

先将香干用手掰开，再加素油炝锅，加调料，放素高汤煨40分钟至熟透后出锅即可。

蓬莱磨坊

主料

豆皮3张，金针菇100克，胡萝卜25克，香菇4朵，香菜15克，玉米粉20克

调料

酱油15克，味精4克，锡箔纸1张

做法

用豆皮卷将其他原料卷紧，入笼蒸熟，再用锡箔纸包起，入烤炉烤香即成。

香素脯

龙凤赛腿

制作时间
30 分钟

难易度
★★

主料

富阳豆皮	300克
糯米	100克
香干	35克

调料

盐、味精	各适量
素油、水淀粉	各适量

做法

① 富阳豆皮切长片备用。糯米洗净，蒸糯米饭备用。香干切丁备用。

② 锅中加入少量底油，大火烧至五成热时，下入香干、糯米煸炒，出锅备用。

③ 将豆腐皮包裹香干糯米，以水淀粉封口。

④ 锅中加入多量底油，大火烧至六成热时，下入制作成形的素鸡腿，炸至微黄，出锅控油装盘即成。

百合素裹

制作时间 20分钟

难易度 ★★

主料

油豆腐皮	3张
百合	50克
胡萝卜丝	100克
香菇丝	100克
香菜	15克
青豆泥	20克

调料

酱油	5克
盐	3克
味精	3克
素高汤	25克

做法

① 油豆腐皮经温水浸泡至软备用。胡萝卜去皮洗净，切丝备用。百合洗净焯水备用。

② 香菇经水发好后去蒂洗净，切丝。香菜去叶，洗净切段。青豆洗净蒸成泥。胡萝卜丝、香菇丝、青豆泥经盐调味后卷包入油豆腐皮中。

③ 锅中下入多量底油，烧至六成热时，下卷成的卷，炸制金黄后捞出控油，改刀成型，装盘。

④ 将百合片摆在上面，勺中加入素高汤，大火烧沸，用酱油、味精调味后再用水淀粉勾芡，浇淋于摆好盘的原料上即成。

翡翠豆腐皮

制作时间
15 分钟

难易度
★

主料

小油菜	1 把（约500克）
豆腐皮	300克

调料

盐	5克
水淀粉	25克
麻油	10克

养生与营养

· 豆腐皮含有多种矿物质，能补充钙质，可防止因缺钙引起的骨质疏松，促进骨骼发育，对小儿、老人的骨骼生长极为有利。

做法

① 小油菜洗净，切小段。豆腐皮切小块，煮至色泽变白时捞出，冲凉。

② 用油炒小白菜，加入盐调味，再加少许清水，放入豆腐皮同炒，待软时勾芡，最后滴少许麻油盛出即可。

贴心提示

· 豆腐皮有两种：一种未处理前是一整打，要自己切碎，泡软再用；另一种是已处理过的，买回来冲过水，洗净即可用。若在锅内直接漂千张，要注意湿度不要太高，一软就要捞出，并且冲凉。

豆腐烧豆芽

制作时间
15 分钟

难易度
★★

主料

黄豆芽（如意菜）	200克
油豆腐	200克
冬菜	10克

调料

素高汤	75克
酱油	15克
盐	2克
白糖	1克
麻油	10克

做法

① 黄豆芽、冬菜洗净，沥干水分。

② 油豆腐洗净，放入滚水氽烫，捞出。锅中倒入 2 克油烧热，放入黄豆芽、冬菜炒熟，加入油豆腐块炒匀后调味，煮至熟透，再淋上麻油即可。

贴心提示

· 黄豆芽味道清淡，极易入味，如喜欢吃辣，可以加入15克辣椒酱，不必再加盐。

养生与营养

· 如意菜即是黄豆芽，其维生素C及食物纤维含量丰富，可预防动脉硬化、便秘及防止肥胖，其中淀粉酶可调整肠胃机能，消解食欲不振。

炸串玉片

主料

臭豆腐	250克
蒿菜	150克

调料

盐	5克
椒盐	35克
面粉糊	75克
辣酱	50克

做法

① 将臭豆腐用竹扦串好，锅中加多量油，烧至八成热时，把臭豆腐入油锅炸至金黄色，备用。

② 蒿菜洗净。把水和面粉调成糊，将蒿菜蘸匀面糊。

③ 锅中加多量油，烧至七成热时加入蘸匀面糊的蒿菜入油锅内炸，成形后捞出，撒少量椒盐，装盘后放一碟辣酱即可。

芥蓝素肉

制作时间
10 分钟

难易度
★

主料

芥蓝	300克
素肉	50克

调料

盐	3克
味精	3克
素油	15克

做法

① 芥蓝洗净，切段焯水备用。素肉切条，焯水备用。

② 锅中加入少量素油，大火烧至六成热时，下入芥蓝、素肉煸炒至香味出，经盐、味精调味后翻炒均匀，出锅装盘即成。

双椒素肉

制作时间 10 分钟　　难易度 ★

主料

青红椒	300克
素五花肉	150克

调料

盐	2克
味精	3克
素油	10克

做法

① 青红椒去籽去蒂，洗净切片，焯水备用。

② 素五花肉切条，焯水备用。

③ 锅中加入少量底油，大火烧至六成热时，下入素五花肉、青红椒大火煸炒至香，经盐、味精调味后，翻匀出锅装盘即成。

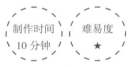 养生与营养

· 开胃健脾，理气宽中。素瘦肉中的谷氨酸和卵磷脂是健脑佳品。

青椒素肉丝

制作时间 10分钟　难易度 ★

主料

素肉丝	250克
青椒	75克

调料

素油	20克
生抽	15克
水淀粉	15克
姜	5克
味精	2克

做法

① 素肉丝焯水。青椒去蒂、籽，洗净，切丝焯水，备用。姜去皮，洗净切丝，备用。

② 锅中加入少量底油，大火烧至六成热，下姜丝煸炒至香，下素肉丝煸炒，烹入生抽调味，加青椒丝翻炒均匀，加味精提鲜，经水淀粉勾芡，翻炒出锅装盘即成。

贴心提示

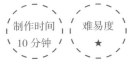

·煸炒速度要快，下姜丝时火要小，防止姜丝糊底。

干菜烧素肉

制作时间 10分钟　难易度 ★

主料

干菜	100克
水面筋球	400克

调料

酱油	12克
白糖	6克
素高汤	50克
素油	25克

做法

① 干菜洗净，用刀切细段，用开水焯一下捞出。

② 水面筋球撕开，一片片放入热油中炸黄，捞出做成素肉，加入所有调味料烧开。改小火烧入味，待汤汁稍收干时即可关火盛出。

养生与营养

· 干菜清香纯正，营养卫生，复水性好，富含维生素、矿物质和微量元素，不含任何防腐剂及色素，长时间食用对人体大有裨益。面筋是介于豆类和动物性食物之间的一个高蛋白、高无机盐、低脂肪、低碳水化合物的特殊食物。除油面筋外，水面筋和烤麸特别适合肥胖者食用，既保证了蛋白质的供给，又限制了热量的摄入。

第四章

汤煲营养又美味

　　汤煲的美味人人都知晓，而制作汤煲的原料一般都是肉制品。本章为喜欢吃素食又喜欢汤煲的读者解决了难题。

土豆菠菜汤

制作时间
15分钟

难易度
★★

主料

菠菜	300克
土豆	半个

调料

葱花	适量
面粉、水淀粉	各适量
醋、盐	各适量

做法

① 菠菜择洗干净，切段；土豆洗净，切薄片。（图①）

① 将土豆片放入盘中，加入面粉、部分盐、水搅拌，让土豆片均匀地蘸上面粉。（图②）

① 油锅烧热，将沾上面粉的土豆片放入锅中，炸至表面成金黄色，捞出控油。（图③）

① 锅中加水煮沸，放入菠菜段、土豆片，加盐、葱花和醋，再次开锅时用水淀粉勾芡，煮至土豆变软时出锅即可。（图④、图⑤）

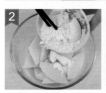

白菜冻豆腐

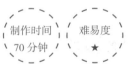

制作时间 70 分钟　难易度 ★

主料

大白菜	150克
冻老豆腐	250克
粉条	100克
芹菜	20克

调料

盐	6克
味精	3克
胡椒粉	2克

做法

① 将大白菜切成长5厘米、厚0.2厘米的条，把老豆腐切宽条待用。将粉条烫好待用。

② 将切好的白菜、老豆腐、粉条放入菌菇汤中小火慢炖1小时。

③ 在炖好的菜中加入芹菜，放入盐、味精、胡椒粉调味，出锅即成。

养生与营养

· 粉条里富含碳水化合物、膳食纤维、蛋白质、烟酸和钙、镁、铁、钾、磷、钠等矿物质，但粉条含铝元素较多，一次不宜食用过多。豆腐食药兼备，具有益气、补虚等多方面的功能。豆腐含大量的钙、蛋白质，还有8种人体必需的氨基酸、不饱和脂肪酸和卵磷脂等。

白菜萝卜西红柿汤

制作时间
20 分钟

难易度
★★

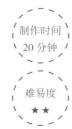

主料

白菜、白萝卜	各200克
北豆腐	150克
黄瓜片	10克
西红柿片、葱花	各适量

调料

盐、味精	各适量
香油、豆瓣酱	各适量

做法

① 白菜洗净，去根切块；白萝卜去皮洗净，切片；豆腐氽烫一下，切块，备用。（图①）

② 油锅烧热，放入豆瓣酱炒香，放入味精、葱花，装入小碟中，做成酱料备用。（图②）

③ 另起油锅，烧热，放入白萝卜片炒片刻，加入白菜块同炒，加水、黄瓜片、西红柿片，用大火煮至萝卜、白菜酥烂，放入北豆腐块，加少许盐，稍煮，加味精、香油、酱料调味即可。（图③、图④）

西芹红椒西红柿汤

制作时间 10分钟　难易度 ★

主料

西红柿	200克
红椒	150克
西芹	100克
洋葱	75克
柠檬汁	1大匙

调料

盐	1小匙
白砂糖	2小匙
辣椒籽辣汁	少许

做法

① 红椒和西红柿洗净抹干，切块；西芹及洋葱切碎。（图①、图②）

② 把所有材料放在搅拌机内搅碎成汤汁。（图③、图④）

③ 下调料调味即可食用。（图⑤）

荠菜玉珠

制作时间
30分钟

难易度
★★

主料

豆腐	300克
荠菜	100克
菌菇高汤	500克

调料

盐	6克
味精	4克
胡椒粉	3克

做法

① 将豆腐用刀压成豆腐泥，备用。荠菜洗净后切细末，备用。

② 豆腐泥和荠菜末混合，加盐、味精调味后制成丸子形。锅中加清水，烧至沸后加入豆腐荠菜丸子汆熟，捞出备用。

③ 锅中加入菌菇高汤，加盐、味精、胡椒粉调味，大火烧至沸后加入丸子后出锅即成。

贴心提示

· 丸子不要太大，汆的时间不要太长。

芦荟靓汤

制作时间
20分钟

难易度
★

主料

芦荟	200克
菠萝	50克
枸杞子	10克
青苹果	20克

调料

冰糖	50克
水淀粉	25克
盐水	适量

做法

① 芦荟去皮洗净，切片焯水。菠萝去皮洗净，经盐水浸泡后切片，另取一部分菠萝榨汁。

② 枸杞子经温水浸泡后洗净备用。青苹果去皮去核，洗净切片，用盐水浸泡备用。

③ 锅中加水，放入冰糖、芦荟片、菠萝片、青苹果片、菠萝汁大火烧沸，用水淀粉勾芡后撒枸杞子，出锅即成。

贴心提示

· 枸杞子最后加，切好的青苹果片要泡在盐水里。

南瓜洋葱汤

制作时间
15 分钟

难易度
★★

主料

南瓜	200克
洋葱	1/4个
红薯	1个

调料

淡奶油、白砂糖	各适量

做法

① 南瓜、红薯分别洗净，切块，放入蒸锅中蒸熟，捞出；洋葱去老皮，洗净，切碎，备用。（图①）

② 蒸熟的南瓜去皮。（图②）

③ 将去皮的南瓜块和红薯块按压成泥状，放入锅中，然后加入适量的清水和淡奶油、白砂糖，再放入洋葱碎，待煮开后关火即可。（图③、图④）

冬瓜玉米胡萝卜汤

制作时间
30分钟

难易度
★

主料

冬瓜	300克
冬菇	3个
鲜草菇	4个
玉米	半根
胡萝卜	40克

调料

盐	2小匙
麻油	1小匙
胡椒粉	少许

做法

① 玉米切块；冬瓜去皮，洗净，切块。

② 冬菇浸软，去蒂，切块；草菇、胡萝卜洗净，切块。

③ 锅中加水烧开，放入所有材料，煮15分钟，加调料搅匀即可。

花香芋头汤

制作时间 20分钟　难易度 ★

主料

芋头	300克
桂花	50克

调料

冰糖、白砂糖、食用碱	各适量
鲜汤	适量

做法

① 芋头洗净，去皮，切块。

② 锅中加入清水，大火烧开，放入芋头块和食用碱，约煮5分钟，捞至盘内，摊开，放凉。

③ 芋头块放汤碗中，加入冰糖、白砂糖，加入桂花，上笼用大火蒸烂。

④ 鲜汤另用锅烧沸，倒入芋头碗中，再入笼略蒸即可。

笋片豆芽西红柿汤

制作时间
20 分钟

难易度
★★

主料

西红柿	1个
豆芽	100克
豆腐	40克
扁尖笋、姜片	各适量

调料

盐	适量

做法

① 西红柿洗净，切块；扁尖笋洗净，切片；备齐其他材料。（图①、图②）

② 油锅烧热，爆香姜片，放入豆芽，爆透。（图③）

③ 加入适量水和扁尖笋片，煮至材料出味，备用。（图④）

④ 将西红柿块和豆腐块一同放入汤水内，滚至材料软熟及汤浓，最后加盐调味即可。（图⑤）

豆腐玉米汤

制作时间
15 分钟

难易度
★★

主料

水豆腐	1块
玉米	1根
葱	1根

调料

盐	适量
上汤	6杯

做法

① 水豆腐切小块；玉米洗净后取粒，备用。（图①、图②）

② 葱洗净，取叶切成粒。（图③）

③ 锅中加上汤烧开，加入少许油及盐，先后放入豆腐块和玉米粒，翻滚后撒上葱花调味即可。（图④、图⑤）

腐竹双菇汤

制作时间
15 分钟

难易度
★★

主料

金针菇	120克
水发腐竹	150克
胡萝卜、草菇	各80克

调料

盐	半小匙
白砂糖	1小匙
胡椒粉	少许
水淀粉	4小匙
素上汤	4杯

做法

① 金针菇洗净，撕开；草菇洗净，切片。

② 水发腐竹切丝；胡萝卜去皮，洗净，切丁。

③ 锅中倒入除水淀粉外的所有调料，放入所有材料，煮5分钟。

④ 待材料熟后，加水淀粉煮成汤羹即成。

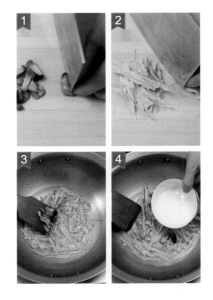

木瓜雪莲

制作时间
20分钟

难易度
★

主料

木瓜	1个
高山雪莲	15克
牛奶	50克

调料

冰糖水	30克
柠檬汁	30克

做法

① 将木瓜挖空后蒸熟，做为容器备用。高山雪莲发好后入笼蒸透。

② 高山雪莲加牛奶、冰糖水、柠檬汁调味。

③ 将调好的高山雪莲汁盛入木瓜容器中即成。

莲藕长生汤

制作时间 50分钟　难易度 ★

主料

莲藕	350克
香菇	70克
素肉	50克
素高汤	200克
花生	50克
黑枣	4粒

调料

盐	5克

做法

① 素肉切片，备用。莲藕去皮洗净，切片备用。花生去壳洗净，经浸泡后备用。

② 香菇经水发好后，去蒂洗净备用。黑枣去核，洗净备用。

③ 砂锅中加入素高汤，下入香菇、花生、莲藕、黑枣，大火烧沸，小火熬煮半小时，至原料熟烂，再放入素肉同煮，加盐调味，待所有原料已软烂后即可盛出上桌。

杞香山药粥

制作时间 50分钟

难易度 ★

主料

山药	300克
枸杞子	5克
大米	50克

做法

① 山药去皮洗净，加水打汁备用。

② 大米洗净备用。枸杞子洗净备用。

③ 将山药汁加大米大火烧沸，小火慢炖成粥，撒枸杞子出锅装碗即成。

贴心提示

· 山药打汁要注意水量。

山药素汤

制作时间 50分钟　难易度 ★

主料

新鲜山药	1小段（约300克）
香菇	20克
胡萝卜	1小段
木耳菜	1把

调料

盐	6克
麻油	15克

做法

① 山药去皮洗净，切片备用。香菇经水发好后去蒂，切片备用。

② 胡萝卜去皮洗净，切片备用。木耳菜择取嫩叶，洗净，木耳菜梗单独留下备用。

③ 锅内加入多量清水，烧至沸后，先将木耳菜梗放入煮制20分钟后捞出，再将山药、香菇、胡萝片放入汤内煮至熟透，放入木耳菜叶，用盐调味，捞出控水摆盘，滴少许麻油即成。

贴心提示

· 木耳菜有股清香味，但若煮的时间太短，香味不易散出，因此先将菜梗熬出味，再放叶子，才不会变黄。

滋补素羊肉

制作时间 50 分钟　　难易度 ★

主料

素羊肉、山药	各200克
胡萝卜	16克
枸杞子	10克
当归	12克
川芎、黄芪、老姜	各4克
黑枣	4粒

调料

素高汤	300克
盐	5克

做法

① 山药去皮洗净，切片备用。胡萝卜去皮洗净切片，备用。当归洗净，枸杞子经温水浸泡备用，川芎、黄芪、老姜、黑枣洗净备用。

② 将山药片、胡萝卜片、当归、枸杞子、川芎、黄芪、老姜、黑枣、素高汤装入盅中，覆盖保鲜膜，封口，上笼蒸30～40分钟，取出，上桌前加入盐，盛入碗中即可。

香芋素排骨煲

主料

烤麸	250克
香芋	100克
口蘑	10克

调料

胡椒粉	1克
酱油膏	2克
素高汤	350克
八角	1粒
酱油、冰糖	各15克
麻油	10克

做法

用料全部按顺序放入砂锅，底部先铺香芋，依序放烤麸块和口蘑，加汤汁盖过原料，煮开后改小火炖煮至芋头完全酥烂入味即可。

贴心提示

· 砂锅底部最好垫一块布并放在盘中一起端出，以免碰到冰凉的桌面，一热一冷容易使砂锅破裂。

砂锅牛蒡卷

制作时间
50分钟

难易度
★★★

主料

牛蒡	200克
草菇、素火腿	各100克
芦笋、干瓠瓜丝	各50克
结球生菜	100克
姜	8克
红枣	6粒
百果	10粒

调料

麻油	10克
酱油	15克
冰糖、味精	2克

做法

① 牛蒡去皮切成条，焯水备用。芦笋去皮洗净，切条焯水备用。素火腿切条，备用。

② 草菇洗净，焯水备用。红枣去核，洗净。白果洗净后焯水。姜去皮洗净，切片。

③ 用干瓠瓜丝包卷牛蒡条、素火腿条、芦笋条，扎成束，摆在砂锅中，备用。草菇洗净铺入砂锅周围，备用。

④ 锅中加入少量底油，烧至六成热时，下姜片爆香，烹入素高汤，加白果、红枣、冰糖、酱油，调味后大火煮沸，倒入摆好草菇的砂锅中，大火烧沸，加味精提鲜，淋麻油即可上桌。

雪里豆瓣汤

制作时间
30 分钟

难易度
★★

主料

水发蚕豆	150克
雪里蕻	60克
番茄	25克

调料

盐	5克
素高汤	300克
麻油	10克
胡椒粉	2克

做法

① 雪里蕻切成细粒。蚕豆放入锅中，加水煮至熟软。番茄放滚水中焯烫，切丁备用。

② 锅中倒入油烧热，放入雪里蕻炒香，加入蚕豆和素高汤煮滚，再加入番茄丁煮开，最后加入麻油、胡椒粉即可盛出。

贴心提示

· 蚕豆营养丰富，可以补充素食中的蛋白质，搭配雪里蕻，更加开胃爽口。

养生与营养

· 蚕豆中含有调节大脑和神经组织的重要成分钙、锌、锰、磷脂等，并含有丰富的胆石碱，有增强记忆力的健脑作用。雪里蕻内含有丰富的纤维素和磷、钾、铁等多种矿物质，可促进肠胃的蠕动，减少动物性脂肪的摄取。

糊辣汤

制作时间
30分钟

难易度
★

主料

面粉	300克
香菜	50克
菠菜	50克

调料

盐	5克
胡椒粉	10克
海带丝	50克
粉条	50克
酱油	5克
醋	5克
葱、姜末	各少许

做法

① 把盐掺入面粉中，加少许水搅揉成团，然后不断加水，直到揉出黏稠而有弹性的面筋和面筋水。

② 锅置火上，加水烧开，放入面筋。待面筋熟后将面筋水倒入锅中，烧至汤汁变稠，放入香菜、菠菜、粉条、海带丝、葱、姜末、盐、胡椒粉，旺火烧沸即成。

梨子樱桃川贝羹

制作时间 30分钟　难易度 ★

主料

川贝	50克
山药	150克
樱桃（去核）	50克
梨	125克
水发银耳	100克

调料

白糖	25克
盐	2克
麻油	5克

做法

① 川贝涨发好后备用。山药去皮洗净，切块备用。

② 大枣去核洗净，备用。樱桃去核，备用。

③ 银耳经水发后洗净备用。梨去皮去核洗净，切丁备用。

④ 将川贝、山药、樱桃、梨丁、银耳、大枣放入砂锅中，加入清水大火烧沸，经盐、白糖、麻油调味后小火慢炖至熟后即成。

白云菊花羊肚菌

制作时间
50分钟

难易度
★

主料

内酯豆腐	200克
羊肚菌	200克

调料

盐	4克
味精	2克
素高汤	250克

做法

① 内酯豆腐剞菊花花刀后放入容器备用。

② 羊肚菌发好后洗净，放入容器中备用。

③ 在容器中加入素高汤，上笼蒸制25分钟后取出，经盐、味精调味后装盅即成。

贴心提示

· 因豆腐太软，剞菊花花刀时要小心。

卤水花菇

制作时间
30 分钟

难易度
★★

主料

花菇（香菇）	6个
西蓝花	6朵

调料

美极鲜	35克
白糖	2克
菌菇素高汤	500克

做法

① 将花菇洗净发好，备用。

② 锅中加入菌菇素高汤，大火烧开后加入花菇，小火慢炖2小时至入味。西蓝花焯水后备用。

③ 在小火慢炖的花菇汤中加入美极鲜、白糖后调味。

④ 将焯好水的西蓝花放入碗中，花菇滗出汤汁，备用。

⑤ 将花菇放入碗中，锅中加滗出的汤汁，大火烧开勾芡，浇淋在花菇西蓝花上即成。

养生与营养

· 香菇能提高机体免疫功能，延缓衰老，防癌抗癌，降血压、降血脂、降胆固醇，还对糖尿病、肺结核、传染性肝炎、神经炎等起辅助治疗作用。

菌菇煲

制作时间 100 分钟　难易度 ★

主料

滑子菇	200克
香菇	100克
杏鲍菇、平菇	各50克
枸杞子	3克
菜心	3棵

调料

盐	5克
味精	3克
蘑菇精	2克
胡椒粉	2克
素高汤	500克

做法

① 锅中加水，烧至沸后，将滑子菇、杏鲍菇、平菇依次分别焯水备用。将香菇发好备用。

② 锅中加素高汤烧开，将滑子菇、杏鲍菇、平菇和香菇加入其中，小火慢炖1.5小时。

③ 在小火慢炖的汤中加枸杞子、盐、味精、蘑菇精、胡椒粉调味。

④ 把洗好的菜心加入其中，出锅即可。

五台第一鲜汤

制作时间
30分钟

难易度
★

主料

野生五台干蘑菇	150克
山药	20克
黄花菜	50克
草菇	50克
素高汤	500克

调料

盐	5克
味精	2克
胡椒粉	2克

做法

① 台蘑经冷水浸泡，洗去泥沙，但水不要扔掉，沉淀过滤此水备用。

② 山药去皮洗净，切片浸在水中，备用。黄花菜经水发好后洗净切段，备用。草菇洗净，焯水备用。

③ 取砂锅加素高汤，大火烧至沸，加台蘑水和台蘑、黄花菜、草菇炖约5分钟，将山药片加入锅中，转小火慢炖20分钟，经盐、味精、胡椒粉调味后上桌即成。

群仙拜菇

制作时间
30分钟

难易度
★

主料

口蘑、草菇	各100克
小西红柿	20克
冬瓜球	500克
香菜	15克
紫菜球	12个
素高汤	500克

调料

盐	6克
味精	4克
胡椒粉	2克
麻油	15克

做法

① 口蘑洗净备用。草菇洗净备用。

② 小西红柿洗净去蒂,备用。冬瓜去皮洗净,挖球备用。香菜洗净,去叶切段备用。

③ 取砂锅,加素高汤后下入口蘑、草菇、小西红柿、冬瓜球、紫菜球,大火烧沸,小火慢炖15分钟后,加盐、味精、胡椒粉调味,淋麻油和香菜段出锅即成。

众菌养生汤

制作时间 30分钟　难易度 ★

主料

黑菌	100克
老人头菌	50克
黄牛肝菌	50克
鸡腿菇	75克

调料

盐	5克
素高汤	500克
味精	2克
山珍精	2克
橄榄油	5克

做法

① 黑菌洗净切片，焯水备用。老人头菌洗净切片，焯水备用。

② 黄牛肝菌洗净切片，焯水备用。鸡腿菇洗净切片，焯水备用。

③ 将黑菌、老人头菌、黄牛肝菌、鸡腿菇放入砂锅中，加入素高汤，大火烧沸，小火慢炖至熟，加橄榄油、味精、山珍精调味后出锅装盅即成。

素肉豆羹

制作时间
50 分钟

难易度
★

主料

三色素肉	150克
小香菇	20克
榨菜	10克
番茄	125克
豆腐衣	1张
素高汤	500克

调料

胡椒粉、姜	各2克
盐	5克
酱油	12克
麻油	10克

做法

① 三色素肉入沸水中氽一下。小香菇泡软、去蒂。番茄洗净，底部划十字，放入滚水焯烫，捞出，去皮切丁。

② 榨菜切丝，豆腐衣摊开，去边皮，撕成小块，备用。

③ 锅中倒油烧热，爆香姜块、香菇，加入素高汤、榨菜丝及番茄丁煮开，加入盐、胡椒粉、酱油调匀，放入豆腐衣煮滚，淋上麻油即可。

养生与营养

· 榨菜是由芥菜加工腌制的酱菜，具有丰富的营养，含多种维生素、氨基酸、蛋白质、脂肪、糖等，咸淡适口，可刺激食欲。

杜仲素腰汤

制作时间
30 分钟

难易度
★★

主料

素腰	150克
杜仲	10克
素虾仁、豆苗	各100克
老姜	15克

调料

麻油	10克
盐	6克
素高汤	500克

做法

① 素腰、素虾仁分别洗净，沥干。杜仲放入锅中，加水，以小火熬煮杜仲水，倒入碗中，捞去杜仲。

② 老姜切块，豆苗洗净后沥干。

③ 锅中加入少量麻油，大火烧至六成热时，下入老姜块，煸炒至香，加入素腰、素虾仁翻炒，烹入煮好的杜仲水调匀，经盐调味后，倒砂锅中大火烧沸，上桌即成。

养生与营养

· 杜仲和素腰花均含有特殊的气味，烹调时不妨烫煮一下，并加黑麻油拌炒以消除异味，也可加些枸杞子同煮。

南瓜红豆羹

制作时间 30分钟

难易度 ★

主料

南瓜	400克
红豆	100克

调料

盐	1小匙

贴心提示

· 南瓜中含有丰富的锌，锌能参与人体内核酸、蛋白质的合成，是肾上腺皮质激素的固有成分，是人体生长发育的重要物质。

做法

① 红豆用水浸透，然后煮软。（图①）

② 南瓜去皮及瓜瓤，洗净，切成小块。（图②）

③ 南瓜块放在锅内，加水，以能浸过南瓜块为宜，然后用大火煮约10分钟。（图③）

④ 南瓜块煮熟后，下红豆同煮，加盐调味即可。（图④、图⑤）

奶香大枣南瓜羹

制作时间 30分钟　　难易度 ★

主料

老南瓜	半个
糯米粉	半大匙
牛奶	100毫升
红枣片	10片

调料

盐	少许

做法

① 老南瓜去内瓤，切块，放入盛有少许清水的锅中，煮至皮肉分离。

② 将老南瓜的肉全部取出，用勺子或者搅拌器打成南瓜泥。

③ 将糯米粉放入牛奶中拌匀，放入南瓜泥，置火上煮沸，中途撒少许盐。

④ 将红枣片撒入锅中，熄火后闷1分钟即可。